JN042993

図解・気象学入門　改訂版

原理からわかる雲・雨・気温・風・天気図

古川武彦
大木勇人　著

ブルーバックス

本書は2011年３月刊行のブルーバックス『図解・気象学入門』を最新の情報に更新し、改訂したものです。

装幀／五十嵐 徹（芦澤泰偉事務所）
カバー画像／Getty Images＋shutterstock
本文デザイン／齋藤ひさの
本文図版／（株）日本グラフィックス
キャラクターイラスト／大木拓人

はじめに

　本書は、2011年3月に出版され、23刷まで増刷された『図解・気象学入門』の改訂版です。この12年の間、「線状降水帯」「バックビルディング型」といった、それまで聞かなかった気象用語が天気予報で盛んに使われるようになりました。今までと違う——と感じられる異常気象が毎年のように現れ、気象を理解することへの関心はますます高まっているのではないでしょうか。そのような変化に対応するべく、改訂版を出版することとなりました。わかりやすいと好評であった内容はそのままに、新しい気象用語を加え、さらにわかりやすくするための修正や補充を行っています。

　雲、雨、風、といった大気の現象を総じて気象といいます。そして、気象への疑問を解き明かすのが「気象学」です。都会の雑踏の中にいてさえも、見上げれば広がる大気という大自然は、私たちが日ごろ関心をもって探究するのにもってこいの対象です。

　もう忘れてしまったかもしれませんが、「雲はどうやってできるのか」「なぜ空に浮かんでいられるのか」といった疑問は、子どものころ誰もが一度はもったことがあるものです。もちろん雲の上に乗るというような空想は、現実的な認識に置き換わっているでしょう。しかし、雲ひとつの質量が数十トンもあると聞いたら、あながち解決済みの疑問というわけではないことに気づくにちがいありません。

　何の変哲もない雲ひとつを出発点にして、気象学の扉を開

ける鍵をひとつずつ確かめながら先へ進んでいきましょう。その先には、「低気圧や高気圧はなぜできるのか」「台風はなぜ強い風が吹くのか」「上空にはなぜジェット気流が吹いているのか」といった疑問を「なるほど」という実感をもって理解できる段階が待っています。

　気象学は、「天気予報」の技術の基礎でもあります。日本のどこに住んでいても、世界のどこを旅しても、私たちはそこに現れる天気から逃れることはできません。ときには大雨や強風に見舞われ、ひとたび台風がやってくれば財産や生命を失うことさえあります。天気予報は、出かけるときに傘をもつかといった生活のニーズはもちろんのこと、さまざまな社会活動や経済活動に必要とされています。

　また、気象予報士が行う解説には、「気圧の谷」「上空の寒気」「大気が不安定」のように気象学の用語が使われていて、その意味を知れば天気予報の理解が深まるでしょう。さらに、インターネットを使えば、地上天気図や高層天気図、気象衛星画像、気象レーダー画像、アメダスといった高度な気象情報にふれることもでき、気象学を活用する場は私たちのすぐ手に届くところにあります。

　気象予報士試験の受験者は毎年数千人にのぼり、試験に関連する書籍も数多く見られます。また、受験と関係ない初心者向けの書籍も数多く出版されています。

　本書は、それらの書籍とはやや性格が異なるものです。「気象学」そのものをもっと深く知りたい──そう思い始めた入門者向けに本書は書かれています。特に、次のような人

4

にはうってつけでしょう。

●天気の本を読んだことがあり、興味はもてたが、まだわかったような気がしない。もっと深く、くわしく知りたい。

●気象予報士試験対策の本を見たが、試験問題を解くための記述なので、しくみを「なるほど」と思えるようには書かれていない。ていねいでくわしい、気象学の入門者向け解説がほしい。

これらの読者に合ったものにするため、本書は次のような特徴をもって書かれています。

●中学校の理科を身につけていれば理解できるように気を配って記述してある。高校物理以上の知識を必要とする場合には、ていねいな解説をしている。

●このため、高校生以上の誰もが読み進めることができる。

●わかりやすい文章だけでなく、徹底して図解している。

●通り一遍の表面的な知識の紹介を避け、「しくみ」を「なるほど」と深く理解できるように記述している。

●天気予報や気象学の専門家と理科の教科書づくりの専門家の2人が、話し合いを重ねて執筆を進めた。

それでは、これから気象学の扉を開き、一歩ずつ奥へ進むことにいたしましょう。

2023年6月

著者

第 **1** 章

雲の
しくみ

雲が空に浮かんでいられるわけ

🔍 雲はなぜ地上に落ちてこないのか？

　晴天の空にぽっかり浮かぶわたのような雲は、親しみやすく「わた雲」とよばれます。この雲の正式な名前は**積雲**といい、下から上に向かって積み重なるように発達していくことからこの名がつけられました。積雲が発達して厚みが増した姿は、夏によく見られる「入道雲」で、正式な名前は**雄大積雲**といいます。さらに雄大積雲が発達し、雷をともなう雨を降らせるようになったものを**積乱雲**といいます（図1-1）。

　雲はどれも、たくさんの小さな水滴や氷の粒の集まりです。これらを合わせて「雲の粒」とよぶことにします。積雲は、ふわふわと軽そうに見えますが、じつはそうではありません。普通に見られる大きさの雲1つをつくる雲の粒の総量

図1-1　積雲・雄大積雲・積乱雲　発達すると呼び名が変わる

積雲1つの水や氷の粒の総量は数十トン以上

水や氷の粒

数十トン以上もあるのに落ちてこないのはなぜ？

図1-2 積雲の重さ

は、なんと数十トン以上もあります。これだけの質量をかかえる雲が地上に落ちてこないのは、なぜなのでしょうか。

🔍 雲の粒は落ち続けている

雲の粒1個の大きさは、だいたい半径0.01mm程度です。小さいとはいっても、質量があり、地球の重力がはたらいています。したがって、雲の粒も落下します。

17世紀、イギリスの科学者ニュートンは、運動の法則を明らかにし、落下する物体は、1秒当たり速さが秒速9.8mずつ増すことを示しました。つまり、落下し始めてから1秒後の速さは秒速9.8m、2秒後の速さは秒速19.6m、3秒後の速さは秒速29.4mという具合です。これは、物体の重さとは関係がありません。重い物体も軽い物体も同じです。ニュートン生誕の直前に世を去ったガリレオもこのことに気がつ

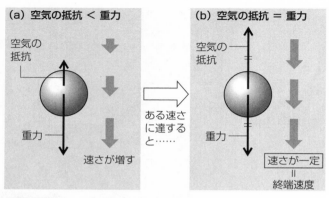

図1-3 空気の抵抗と重力がつり合うと速さは一定になる

いており、ピサの斜塔から鉄と木の玉を落とす実験をしてみ
せたという話が後の時代に語られ、よく知られています。

　ただし、このようなことが言えるのは、空気の抵抗が無視
できる場合だけです。実際の空気中では、無視できない場合
が多々あります。空気の抵抗は、物体の運動する速さに比例
して大きくなる性質をもっています。そして、その運動があ
る速さに達すると、物体にはたらく重力と空気の抵抗とがつ
り合い、一定の速さに落ち着きます（図1-3）。

　ここで、「一定の速さに落ち着く」例として、雲の粒より
大きな、半径1mmの「雨粒」の落下速度を考えます。空
気の抵抗がなければ、上空1000mから落下してきた雨粒の
速さは、秒速140mにもなります。これはエアライフルの弾
丸並みの速さです。しかし、実際の雨粒の落下では、秒速6
〜7mに達したときに、空気による抵抗が重力の大きさと
同じになって、力がつり合い、それ以上速さは増えません。

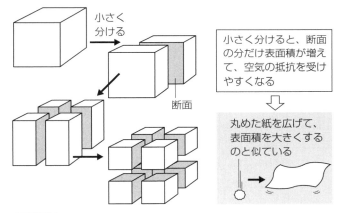

小さく分けると、断面の分だけ表面積が増えて、空気の抵抗を受けやすくなる

丸めた紙を広げて、表面積を大きくするのと似ている

図1-4 小さく分けると表面積が増えて空気の抵抗が大きくなる

このようにして一定になった速さを**終端速度**とよぶことにしましょう。

空気の抵抗を決めるのは落下速度だけではありません。空気の抵抗は、物体の表面で生じるので、表面積が大きいほど大きくなります。かたく丸めて小さくしたティッシュペーパーよりも、大きく広げたティッシュペーパーのほうが、受ける空気の抵抗は大きいと言えばわかりやすいでしょう。しかしここで、かたく丸めたからといって、「物体のサイズが小さいほど抵抗は小さい」と考えてしまったら、それは間違いです。問題は全体の表面積です。

話を簡単にするため、雨粒が立方体の物体であると仮定し、この立方体を半分に切ってみます（図1‐4）。切った断面が新たにできるので、表面積は増えます。切って細かくするほど、新たに断面ができて、表面積が増えていきます。粒

を細かく分けることは、丸めてあった紙を広げて表面積を大きくすることと同じなのです。このことによって、粒を小さく分けるほど、受ける空気の抵抗は大きくなっていきます。

次に、雨粒よりもずっと小さな、**雲の粒の落下速度**についても見てみましょう。表1-1は、いろいろな半径をもった水滴の終端速度です。半径1mmの雨粒の終端速度は秒速6.5mですが、半径が0.01mmしかない雲の粒では、終端速度は秒速0.01mになります。半径が100分の1になったとき、終端速度は650分の1へと、急に小さくなっています。

つまり、雲の粒も落下しますが、その終端速度は秒速1cm程度にしかならないのです。このような落下速度では、1m落下するのに1分以上かかりますから、遅々たるものです。落ちていても遠くから見ればすぐには気がつかないでしょう。まとめると、数十トンもある雲が落ちてこない理由のひとつは、小さな雲の粒となって表面積を大きく広げているため、落下に気がつかないほど終端速度が遅いということ

半径	終端速度	種類
0.0001mm	0.0000001m/s	凝結核※1
0.010mm	0.01m/s	典型的な雲の粒
0.050mm	0.27m/s	大きい雲の粒
0.100mm	0.70m/s	霧雨の粒
0.500mm	4.0m/s	小さい雨の粒
1.000mm	6.5m/s	典型的な雨の粒
2.500mm	9.0m/s	大きい雨の粒

※1→第1-4節で解説

半径0.01mmの雲の粒が落下する速さは、秒速わずか1cmだ！

表1-1 水滴の半径と落下速度（終端速度）

（『最新気象百科』の資料を改変）

です。

しかし、遅いとはいっても、数時間のうちには、雲は100mや200m落下することになります。実際には、積雲全体がそのように落ちてくるわけではありません。雲が落ちてこないのには、さらに別の理由もありそうです。

🔍 積雲は上昇する空気の中でできる

積雲は、多くの場合、地上付近から泡のように上昇する空気のかたまりの中でできます。図1‐5のように、日射により地表面のある部分が周囲よりも強く熱せられると、その付近の空気のかたまりが温められて周囲の空気よりも軽くなり、上空へ浮かび上がります。このように温められて浮かび上がる泡のような空気を**サーマル**（thermal）といいます。サーマルは目に見えませんが、大気中で頻繁に発生しています。そして、ある条件がそろうとその中で雲の粒が発生し、積雲となって目に見えるのです。

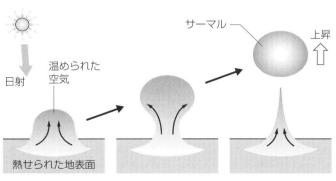

図1-5 サーマルの上昇

このような上昇する空気の流れを上昇気流といいます。上昇気流の中にあれば、小さな雲の粒1個1個は気流に支えられ、雲全体も落ちてこないと考えることができます。わずか秒速1cm程度の上昇気流さえあれば、雲の粒は支えられます。上昇気流があることは、雲が落ちてこないことのもうひとつの理由になっています。

温められた空気を上昇させる力は何か

🔍 大気圧によって生じる浮力

　ここで、なぜ温められた空気が上昇するのかを考えておきましょう。温められた空気が上に向かって移動することは、冬にストーブをつけた部屋で、床近くでは寒くても天井近くでは暖かいことからわかります。このように周囲より温度の高い空気が上のほうに上がるのは、浮力がはたらくためです。この浮力は、大気圧が原因となって生じています。

　浮力のはたらくしくみを理解するため、地球大気の構造を見ていきましょう。地球をとりまく大気は、上空へいくほど薄くなっています。たとえば、ヒマラヤ山脈の連なる高度5km付近では、空気は地上（高度0m）の約60％しかなく、さらに高度50kmでは約0.1％しかありません。国際宇宙ステーションのある高度400km付近にいたっては、地上の約4000億分の1です。空気の分子はきわめてまばらにしか存在しないので、宇宙ステーションが運行できます。とはいっても、この高度の空気分子は、地球の重力によって、かろう

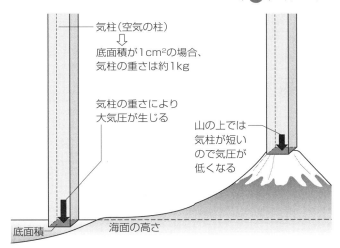

気柱(空気の柱)
↓
底面積が1cm²の場合、
気柱の重さは約1kg

気柱の重さにより
大気圧が生じる

山の上では
気柱が短い
ので気圧が
低くなる

底面積　　海面の高さ

図1-6 大気圧は気柱の重さによって生じる

じて宇宙空間へ逃げ出さずにいます。500km以上の高度に
なると、空気は宇宙に逃げていきます。この付近が大気の上
限であると考えられています。

　大気の90％は、地上から高度16kmの層に集中してお
り、半径6400kmの地球をリンゴにたとえれば、リンゴの皮
より薄い厚さです。それでも、地球をとりまく大気全体で
は、五千数百兆トンの重さがあります。

　大気を地上から大気のてっぺんまで、柱のように切り取っ
た底面積1 cm²の「空気の柱（気柱）」を考えてみると、そ
の空気の重さは約1 kgになります。この重さは気柱の底の
面に加わり、**大気圧**（気圧）を生じさせています（図
1-6）。標高0 mの海面上と標高3776mの富士山の頂上で
は、その上にある気柱の長さが異なるため、気圧も異なりま

17

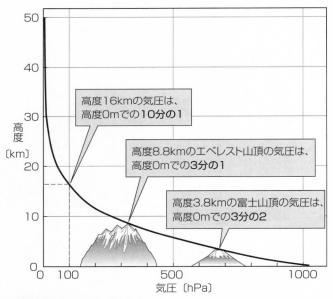

高度16kmの気圧は、高度0mでの**10分の1**

高度8.8kmのエベレスト山頂の気圧は、高度0mでの**3分の1**

高度3.8kmの富士山頂の気圧は、高度0mでの**3分の2**

図1-7 大気の鉛直方向の気圧分布　（『理科年表』の数値から作図）

す。つまり、標高が高いところほど気圧は低くなっています。このように気柱で大気圧を考える方法は便利なので、本書では何度も登場します。覚えておきましょう。

さて、圧力の単位には、気象学ではヘクトパスカル（記号hPa）が用いられています。標高0mの地表面、つまり海面の高さでの平均的な気圧は、およそ1000hPaで、これを**1気圧**といいます。1気圧の正確な値は、標準気圧とよばれる**1013.25hPa**です。

図1-7に、大気の**鉛直方向の気圧分布**を示しました。高度が高くなっていくときの気圧の低下の仕方は、グラフの線

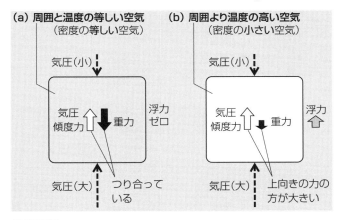

図1-8 大気中の空気のかたまりが受ける気圧傾度力と重力

が直線ではなく、高度の低いところで急激に下がっていくカーブを描いています。これは、大気が重力によって圧縮され、空気の密度が下層ほど大きくなっているためです。

　このような気圧の鉛直方向の分布を念頭におきながら、図1-8で大気中ではたらく浮力を考えましょう。図の四角で囲んだのは、空気のかたまりです。大気圧は、上からはたらくだけでなく、横からも下からもはたらきます。この理由は後であらためて述べますが、ここでは、空気に流動性があるため、横や下からも回りこんで押してくると思ってください。このとき、上のほうよりも下のほうの面にはたらく気圧が大きいので、全体としては上向きの力が生じます。このように気圧差によって生じる力を、気象学では**気圧傾度 力**といいます。

　空気のかたまりにはたらく力は、上向きの気圧傾度力だけ

でなく、質量をもつ空気にはたらく下向きの重力もあります。気圧傾度力と重力の大きさが同じ場合は、上下方向の力がつり合っています。気象学では、このつり合いの状態を**静力学平衡**といい、大気の運動を計算するときの重要な方程式として表されています。

　静力学平衡となるのは、空気のかたまりの密度が周囲の大気と同じ場合です。周囲と違わないのですから、止まっている空気のかたまりが動きだしたりしないのは当然です。ところが、空気は温められると密度が小さくなる——つまり同じ体積ならば軽くなります。このため、重力よりも気圧傾度力のほうが上回り、鉛直上向きに運動し始めます。空気より密度の小さいヘリウムを入れた風船が浮かび上がることも、同じように考えられます。このようにして、**浮力**とは、気圧傾度力と重力の差であることがわかります。

　気圧傾度力は、鉛直上向きだけでなく、水平方向にはたらく場合もありますが、これは水平方向に動く空気、つまり風に関係するので、第4章「風のしくみ」でくわしく解説します。

分子の衝突で気圧が生じる

　さて、これまで大気圧が気柱の重さによって生じるものと解説してきましたが、重さは上から下に向かってはたらくので、下からも気圧がはたらくことへの疑問が解決されずに残っています。そこで、もうひとつ別の観点から大気圧を考えます。それは、**気体分子**が飛び回っており、それらが衝突することによって気圧が生じるということです。

　気体分子は、固体や液体とは異なり、みなばらばらに離れ

て飛び回っています。飛び回る分子は、互いに衝突し合って
跳ね返り、間隔を保ちながら乱雑に運動しています。また、
地面や物体にも盛んに衝突して、そのとき少しずつ衝撃を加
えます。このようにして多数の気体分子が次々と面に当たる
衝撃が積み重なって、気体の圧力（気圧）となります。

　分子の衝突で気圧を考えると、大気中の物体に対し、横か
らも下からも力がはたらくことがわかります。手のひらを上
に向けて差し出したとき、上から気体分子が衝突してくるだ
けでなく、下からも衝突してくるので、手は空気の重みを感
じません。

　ここで、分子によって生じる気圧の大きさを考えるため、
図1-9のように箱の中に空気を入れたモデルを考えてみま
しょう。すると、箱の中の気体分子の数が多いほど、箱の壁
に衝突する時間あたりの分子の数が多くなり、気圧は大きく
なることがわかります。つまり、気圧が大きいことは、一定
体積あたりの気体分子の数が多い（気体の密度が大きい）こ
とに対応しています。大気は、高度の低いところほど密度が
大きくなっていますが、これによって気圧も大きくなってい

(a) 分子が少ない（密度が小さい）　**(b) 分子が多い**（密度が大きい）

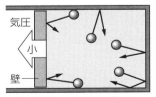

分子の壁への衝突が**少ない**

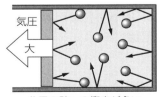

分子の壁への衝突が**多い**

図1-9 気体分子の数と気圧の関係

るのです。

　さらに、気体分子の運動と**温度**には、密接な関係があります。気体の温度が高いほど分子は激しく運動しており、速いスピードで飛び回っています。気体分子のスピードが速ければ、衝突したときの衝撃が大きくなり、衝突する時間あたりの気体分子の数も多くなることから、気体の温度が高いほど気圧が大きくなることがわかります（図1‐10）。

　今述べたこれらの関係は、高校の物理や化学で学ぶ**気体の状態方程式**にすっきり整理されています。気象学の基本として活用される物理法則のひとつです。本書では数式は使わない約束ですので、式は脚注に書くにとどめて、話を先へ進めましょう。

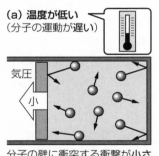

(a) 温度が低い
（分子の運動が遅い）

気圧
小

分子の壁に衝突する衝撃が小さく、衝突する回数が少ない

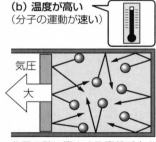

(b) 温度が高い
（分子の運動が速い）

気圧
大

分子の壁に衝突する衝撃が大きく、衝突する回数が多い

図1-10　気体分子の温度と気圧の関係

〔脚注〕気体の状態方程式　気圧をP、体積をV、分子数をn、温度をTとして、気体の状態方程式は、$PV = nRT$と表される。Rは気体定数という一定の数値。

湿った空気は重くない

空気中の水蒸気は空気分子と同等

　積雲は、上昇する空気の泡（サーマル）の中で発生することをすでに述べました。雲の粒は、空気中の水蒸気が小さな水滴（または氷の粒）に変化して、空中に現れたものです。空気に含まれる水蒸気量が多く、湿っているほど雲の粒はできやすくなります。

　ところで、空気に水蒸気が含まれていても目に見えませんが、これはいったいどういう状態なのでしょうか？　容易に想像しやすいのは、スポンジが水を含むようなイメージです。スポンジが余裕をもって水を含んでいるとき、水は見えませんが、ぎゅっと絞ると水が出てきます。しかし残念ながら、このようなイメージは、実際とはかなりかけ離れています。もし空気が水蒸気を含むことが、スポンジが水を含むことと似ているのならば、湿った空気は乾いた空気より重いはずです。ところが、事実はまったく逆なのです。

　このことを理解する鍵は、高校の物理や化学で学ぶ**アボガドロの法則**です。つまり、一定の温度、一定の気圧、一定の体積の気体に含まれる分子の数は、気体の種類にかかわらずいつも同じです。気体が 1 気圧で 0℃のとき、22.4L の気体に含まれ

空気が水蒸気を含むのは、スポンジみたいな感じ？

る気体分子の数は約 6×10^{23} 個となっています。

　水蒸気の分子も、窒素や酸素の分子とまったく同等に、空気を構成する分子の一員です。教科書などでよく「窒素が約78 ％、酸素が約21 ％」という**空気の組成**を目にしますが、気をつけなくてはならないのは、この組成は乾燥した空気の場合であるということです。この空気にさらに水蒸気が含まれるとき、水蒸気分子が入った分だけ、窒素分子や酸素分子が排除されます。なぜなら、地上の気圧はおよそ1気圧と決まっていますから、アボガドロの法則により、一定体積の空気に含まれる分子数は変わらないのです。このときに排除された窒素の分子量（分子の質量を表す数字）は28、酸素の分子量は32であるのに対し、入れ替わりに入った水蒸気の分子量は18しかありません。つまり、水蒸気を含んだ空気は重くなるどころか、軽くなるのが事実です。

　実際の空気には、表1-2の右側に示したように、0 〜 4 ％の水蒸気が含まれています。場所や時間による変動が大きいため、空気の組成を示すとき、あえて水蒸気は外してあるのが普通です。しかし、ある程度湿った空気ならば、水蒸気

永久ガス（乾燥空気）			可変ガス		
気体名	化学式	体積比〔%〕	気体名	化学式	体積比〔%〕
窒素	N_2	78.08	水蒸気	H_2O	0 〜 4
酸素	O_2	20.95	二酸化炭素	CO_2	0.038
アルゴン	Ar	0.93	メタン	CH_4	0.00017
ネオン	Ne	0.0018	一酸化二窒素	N_2O	0.00003
ヘリウム	He	0.0005	オゾン	O_3	0.000004
水素	H_2	0.00006	エアロゾル※		0.000001
キセノン	Xe	0.000009	※エアロゾルとは、分子より大きい微小な固体 や液体の粒子。		

表1-2 空気の組成　　　　　　　　　　（『最新気象百科』の資料を一部改変）

は空気を構成する気体として窒素、酸素に次ぐ3番目の気体であることになります。

🔍 空気中にどれだけの水蒸気が存在できるか

変動する空気中の水蒸気の量を表す方法を考えましょう。そのため、「水蒸気の圧力」というものを考えます。「量」を表すのに「圧力」を使うことに違和感を感じるかもしれませんが、気体の圧力は、量を表すのによい尺度になります。すでに述べたように、分子の数が多いほど圧力は大きくなるからです。

乾燥した1気圧（約1013hPa）の空気の場合、空気の分子の割合は、窒素78％、酸素21％です。この数の比はそのまま、それぞれの気体がどれだけの圧力をになっているかを表しています。つまり1気圧の空気は、窒素0.78気圧（790hPa）、酸素0.21気圧（213hPa）が合わさることで成り立っています。このように、混合した気体の気圧を気体の種類ごとに分けて表したものを**分圧**といいます。分圧は、実質、それぞれの含まれる分子数を表していると考えてもよいでしょう。各気体の分圧の和は、全体の気圧とちょうど等しくなっており、これを**ドルトンの分圧の法則**といいます。

さて、水蒸気を含む空気について考えましょう。水蒸気の分圧を**水蒸気圧**とよびます。水蒸気を4％含む空気では、水蒸気圧は0.04気圧（41hPa）です。これから、「水蒸気圧」と言うとき、「空気中に含まれる水蒸気の量」と同じ意味で使うことがあるので注意してください。

自然の状態の大気でなければ、もっと多くの水蒸気を含む場合もあります。たとえば、沸騰する100℃のやかんの内部

では、湯の上の空間がすべて水蒸気で満たされて、水蒸気圧が1気圧になっています。

　通常の大気の温度では、水蒸気圧は1気圧にはなりません。もしそうなったら、すべて水蒸気分子ですから、呼吸ができませんね。大気中の水蒸気圧には、温度に応じた上限の値があります。この上限がどのようにして決まるかを知ることは、雲のできかたと密接な関係があるので、図を見ながら考えていきましょう。

　図1−11は、液体の水を構成する水分子と、空中を飛び回る気体の水分子が、水面を境に隣り合っているようすを表しています。液体の水分子は、分子どうしが引き合う力でくっつき合っていますが、小刻みに動いています。中には、まわりの分子からこづき回されて運動が激しくなったあげく、水面から空中に飛び出してしまう水分子もあります。この現象が水の**蒸発**です。反対に、空中を飛び回る水蒸気分子が水面に飛びこんで液体の水にとらえられてしまうこともあります。これは水蒸気が液体の水に変わる変化で、**凝結**といいます。

　図の（a）のように、水面から飛び出していく水分子の数が、水面に飛びこんでくる水分子の数よりも多いときは、全体として蒸発が進み、空中の水蒸気圧が大きくなっていきます。すると今度は、空中の水分子の数の増加によって、逆に、空中から水面に飛びこむ水分子の数も増え始めます。そしてついに、図の（b）のように、飛び出す水分子の数と飛びこむ水分子の数とが等しくなります。この状態を**気液平衡**といいます。

　平衡というのは、向きの相反する変化が等しい速さで進

26

(a) 蒸発が進んでいるとき　　　　　　　　○はすべて水分子

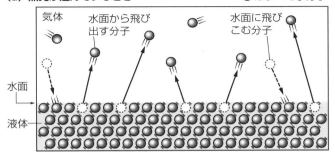

(b) 飽和しているとき

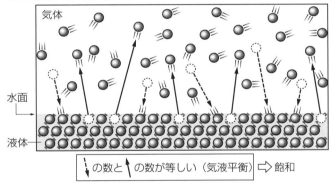

↘の数と↗の数が等しい（気液平衡）⇨ 飽和

図1-11 水面を介して飛び出す分子と飛びこむ分子

み、見かけ上、変化していないという意味です。このような平衡の状態になると、もう水蒸気の量が変化しません。これを、水蒸気が**飽和**しているといいます。また、飽和しているときの水蒸気圧を**飽和水蒸気圧**といいます。

　じつは、液体の水という状態は、水面にある程度の圧力が

かからないと存在することができず、圧力が0に近くなると
すべて蒸発して気体になります。地球の重力によって大気圧
が生じている環境だからこそ、液体の水が地球上に存在して
いるのです。

🔍 温度によって空気の湿る限度は変わる

　飽和は、気体の水分子と液体の水分子が数のバランスを保
って共存している関係であり、空気の他の成分はまったく関
係がありません。つまり、私たちは便宜的に、空気が水蒸気
を含むと表現しますが、実際は空気に水蒸気を含む能力があ
るということではなく、水蒸気は、自分たち――つまり液体
の水と気体の水――の都合で、勝手に空気中に存在している
のです。その存在できる量は、同じ1気圧のもとでは、水と
水蒸気の温度だけによって決まります。

　温度が上がると、分子の運動が激しくなり、水面から飛び
出す分子数が増えます。これによって蒸発が進んで水蒸気圧
が大きくなっていき、あるところまで大きくなると再び飽和
に達します。つまり温度が上がると飽和水蒸気圧は大きくな
ります。逆に、温度が下がると、飽和水蒸気圧は小さくなり
ます。

　飽和水蒸気圧は、温度が高いほど大きく、温度が低いほど
小さい――これをグラフに表したのが図1-12です。

　このグラフには、100℃までは描かれていませんが、100
℃での飽和水蒸気圧は1気圧（約1013hPa）になります。
100℃で**沸騰**が起こるのは、100℃の飽和水蒸気圧が1気圧
であるからです。というのは、沸騰する水では水中に水蒸気
の泡が発生しますが、この泡ができるためには、泡内部の水

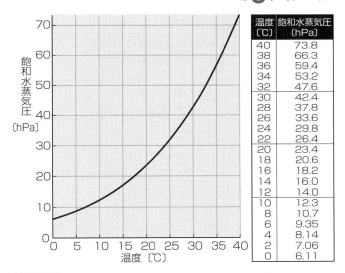

図1-12 飽和水蒸気圧と温度の関係 （0℃以上の場合）

（数値はTetensの式による）

蒸気圧が1気圧以上なければなりません。1気圧の大気圧が水面にかかっているので、水蒸気圧もそれ以上ないと、水蒸気の泡はつぶれてしまいます。

　逆に考えると、大気圧が1気圧より低いときは、沸騰するために必要な水蒸気圧も同様に低くなります。図のグラフに表されている範囲で言えば、大気圧が73.8hPaしかない場合、水はわずか40℃で沸騰することがわかります。標高が高く気圧の低い山の上で米がうまく炊けないのは、水の沸点が低くなっているためです。

水蒸気はどう雲の粒に変わるか

🔍 過飽和は不思議ではない

中学校の理科の教科書では、水蒸気の飽和を「空気が含むことのできる限度」のように、やさしく表現しています。いわば、先に述べたスポンジが水を含むようなイメージです。このイメージは受け入れやすく、現象の一面を表現しているものの、雲の粒ができるしくみをよく理解する上では、かえって妨げになってしまいます。

というのは、実際の大気では、空気中の水蒸気圧が飽和を超えて大きくなることがあるからです。これを**過飽和**といいます。雲が発生するとき、水蒸気はわずかに過飽和となっています。過飽和の空気中では、水蒸気が液体の水滴に変わりやすいのです。

水蒸気の飽和をスポンジが水を含むように考えた場合は、限度まで水蒸気を含んでいるので、過飽和は生じえない状態です。ですから、なにか不思議なことのようにも思えますが、いったい過飽和とはどのような状態なのでしょうか？これを再度、水面から飛び出す分子と、空中から飛びこむ分子の出入りのモデルで考えてみましょう。すると、過飽和はちっとも不思議ではないことがわかります。

図1-13で表すように、空中の水蒸気分子の数が多いため、水面に飛びこむ分子の数のほうが、水面から空中に飛び出していく分子の数より多い――過飽和の意味はただこれだけです。この状態を放っておけば、飽和しているときよりも

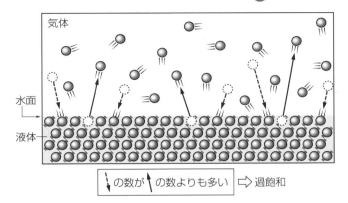

気体

水面

液体

 の数が ↑ の数よりも多い ⇨ 過飽和

図1-13 過飽和の意味

空中の水蒸気が多いため、水面への凝結が進んで飽和になったところで気液平衡となり落ち着きます。つまり過飽和はすみやかに解消されて、飽和になります。

　さて、このモデル図には「水面」がありますが、もし水面がなかったらどうなるでしょうか？　いくら空中の水蒸気分子が多くても、飛びこむ水面がなければ、液体の水の一部にはなれず、水蒸気分子はばらばらに飛び回るだけで過飽和は解消されません。

　飛び回る水蒸気分子どうしがたまたま接触してくっつき合うこともありますが、雲の粒（水滴）になるには10^{14}個ほどが集まらねばならず、非常にまれにしか実現しません。

　ところが実際の大気中では、飽和水蒸気圧を1％超える前にたくさんの雲の粒が発生します。過飽和になった水蒸気は雲をつくる現場の主役ですが、その他に、欠かせないもうひとつの働き手がいるのです。

✏ きれいな空気から雲の粒はできない

前掲の表1-2では、空気中の気体以外の成分として**エアロゾル**をあげています。エアロゾルの正体は、土ぼこり（岩石の細かい粒）や火山灰、工場や森林火災の煙に含まれるスス、海面で気泡が破裂してできるしぶきが蒸発して残った海塩粒子、ある種の気体が大気中で化学変化してできた固体や液体の粒などです。これらは、水蒸気分子よりはずっと大きく、雲の粒よりはずっと小さいサイズです。

このように小さな粒は、落下の終端速度が非常に遅く、また空気分子の衝突によって常に周囲からこづき回されて小刻みに運動するため、いつまでも空中に漂っています。液体で言えば、牛乳のような状態です。牛乳では、小さな脂肪の粒が水の中に散らばっていて、周囲の水分子の衝突で常にこづき回されて小刻みに運動し、時間が経っても底にたまりません。このような粒をコロイド粒子といい、液体や気体の状態を「ゾル」といいます。エアロゾルは、空気中のコロイド粒子です。場所によって違いがありますが、エアロゾルは大気中に1 cm^{3}当たり1000～15000個ほどあります。

エアロゾルの中には、吸湿性——水と親しみやすい性質——のものがあり、水蒸気の分子が接触すると吸着して表面に水分子の膜をつくります。水面がないはずの空の上でも、この水分子の膜に対して水蒸気の凝結が起こり、水滴すなわち雲の粒へと成長していきます。高い空の上にも「水面」の代わりがあるなんて、大気には奥深いしくみがあるものですね。

雲の粒の核となるエアロゾルは、特に**凝結核**といいます。

半径が0.3μm（1 μ m = 10^{-6}m）の凝結核の場合は、飽和水蒸気圧を0.4％超えると、凝結が進みます。これくらいの凝結核は大きさが適しており、数も多いので、雲をつくる有力な働き手です。表1-3に示した分類で見ると、「大きな凝結核、0.2〜1.0μm、1〜1000個」がこれにあたります。

サイズが巨大凝結核に属するものとしては、海塩粒子があり、飽和水蒸気圧の73％しか水蒸気圧がない空気中でも、水蒸気を吸着して湿ります。調理用の塩の入った袋の口を開けたまま放置すると、湿って水気を帯びてくることから、塩の吸湿性を実感したことのある人も多いでしょう。海塩粒子は有力な凝結核ですが、数の少ないことが難点です。その代わり、雲から雨の粒ができるときにとても重要な役割を果たすのですが、これについては次章でくわしく解説します。

高度の高いところは、温度が低いため、雲の粒は氷晶（氷の結晶）です。空気中には、過飽和になった水蒸気が凍り付きやすい性質のエアロゾルもあり、この場合は氷晶核といいます。

このように、雲ができるには、凝結核や氷晶核という大気中の小さな塵のようなものが必要で、きれいな空気からはな

種類	だいたいの半径	数（1 cm^3 当たり）
水蒸気分子	10^{-4}μm	10^{17} 個
小さな凝結核	0.2μm 以下	1000 〜 10000 個
大きな凝結核	0.2 〜 1.0μm	1 〜 1000 個
巨大凝結核	1.0μm 以上	1 以下 〜 10 個
典型的な雲の粒	10μm 以上	10 〜 1000 個

表1-3 水蒸気分子・凝結核・雲の粒の半径と数
（『最新気象百科』の資料を一部改変）

かなか雲の粒はできません。

温度が下がると空気は湿る

さて、雲を発生させる過飽和の空気がどのようにして生じるかを考える手がかりとして、「湿度」についても知っておきましょう。

湿度の表し方には2通りあります。ひとつは、空気中の実際の水蒸気の量を表すもので、**絶対湿度**といいます。空気1m³に10hPaの水蒸気がある状態よりも、20hPaの水蒸気がある状態のほうが、空気は湿っていると考えることができます。

もうひとつは、飽和水蒸気圧に対して、実際の水蒸気圧が何％になっているかを表すものです。これを**相対湿度**といい、普段単に**湿度**とよんでいます。水蒸気で飽和した空気は湿度がちょうど100％です。

ところで、私たちが感じる空気の湿り具合は、皮膚や粘膜から水がどの程度蒸発しているかによって変わります。蒸発の盛んなときには鼻や喉の粘膜が乾き、肌も乾きますが、蒸発が進まないときは湿ったままです。温度が同じ条件で比べた場合、水の蒸発が進みやすいときほど、空気は乾いていると感じます。

図1-14で、水蒸気圧と温度がどちらも異なるAとBの2つの空気について、どちらが湿っていると感じるか考えてみましょう。12℃の空気Aは、水蒸気圧が14hPaで、これはこの温度での飽和水蒸気圧と同じです（図1-12参照）。水蒸気が飽和しているので、これ以上蒸発は進まず、空気は非常に湿って感じられる状態です。24℃の空気Bは、水蒸気

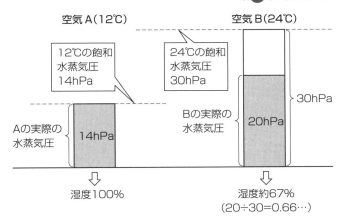

図1-14 相対湿度　実際の水蒸気圧が飽和水蒸気圧の何%かを表す

圧が20hPaです。絶対湿度では空気Aよりも大きいですが、この温度での飽和水蒸気圧約30hPaよりもずっと少ない水蒸気圧なので、水の蒸発はよく進む状態です。このようなとき、BはAより乾いて感じます。つまり、絶対湿度よりも相対湿度のほうが、私たちの「湿っている」という感覚に近いわけです。ただし、湿度以外に、温度や風、肌からの発汗も人の感覚に影響を与えることを言い添えておきます。

　相対湿度は、実際の水蒸気の量が変わらなくても、温度が変わるだけで異なる値になります。図1-15において、❶の温度20℃のときには湿度約68%ですが、❸の10℃に下がれば、10℃における飽和水蒸気圧はもっと低いので、過飽和の状態に変わります。つまり、温度が下がると、空気の相対湿度は高くなり、ある温度で飽和に達し、さらに温度が下がると過飽和になります。ちょうど飽和になる❷のときの温度

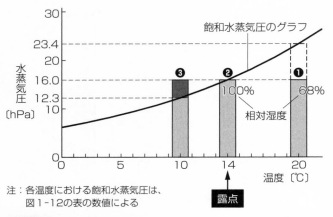

注：各温度における飽和水蒸気圧は、
図1-12の表の数値による

図1-15 露点　飽和水蒸気圧と実際の水蒸気圧が同じになる温度

を露点といいます。

　熱を伝えやすい金属のコップに水を入れ、そこに少しずつ氷水を加えて、コップの温度を下げていくと、ある温度になったときにコップの外側が曇ったり水滴がついたりします。このときの温度が露点です。冷たいコップにふれた空気が冷え、露点に達して飽和し、空気中の水蒸気がコップの表面に凝結するのです。物体の表面が、水面や凝結核の代わりになります。

　これは、自然界で生じる露と同じ現象です。露は、夜間に冷えて温度の低くなった地面や草の葉などの物体が、それに接する空気を露点以下に冷やし、水蒸気が凝結してできた水滴です。また、冬、窓ガラスの内側に見られる白い曇りや水滴も、冷たいガラスに接する空気が露点以下に冷やされてできます。このようにして露が生じることを「結露」といいま

すが、結露が部屋の壁で生じると、カビが発生する原因となるので、気密性の高い住宅の壁には断熱材が必要です。

　このように温度によって湿度が変わる現象は、結露が起こる場合だけではありません。たとえば、部屋をエアコンで暖房したときや、ドライヤーで空気を熱した場合は、絶対湿度が変わらないのに相対湿度が下がって乾燥します。また、朝に空気が湿っている日でも、日中晴れて気温が高くなると相対湿度が下がって乾燥し、夜になって気温が下がると再び湿っぽくなります。

🔍 雲ができるとき空気はどうして冷えるのか？

　話を積雲のでき方に戻しましょう。空の高いところに上った泡のようなサーマル（温められた空気のかたまり）が冷えて露点に達し、さらに過飽和になれば、凝結核に水蒸気が凝結して、雲の粒になる——これまでのことから、このようなことがわかりました。では、空の高いところに上った空気のかたまりは、どのようにして冷えるのでしょうか？

　行楽のため高原に行ったとき、低地より空気が冷たく感じた経験はたいていの人がもっています。ですから空気が冷える原因としていちばん最初に思いつくのは、上昇した空気のかたまりがまわりの冷たい空気に接して冷やされるということかもしれません。

　ところがよく考えてみると、空気のかたまりの周辺部はまわりの空気と接するものの、中のほうまではまわりの空気と接しません。雲ができるときの空気のかたまりはけっこう大きく、晴天時にぽっかり浮かぶ積雲の体積は、東京ドーム数個分もあります。

空気は熱を伝えにくい物質であるため、外側から内側まで冷えるのには非常に長い時間がかかります。建築に使われる壁の断熱材は、空気を多く含んだ材料でできていますし、断熱効果のある二重窓は、ガラスとガラスの間に空気の層があります。たったそれだけの厚さの空気でも断熱性を発揮するのですから、雲となる空気のかたまりでは、外側から中のほうまで冷やされることはほとんどないといってもよいほどです。

　では、雲となる空気はどのようにして冷やされるのでしょうか？　その答えは、日常経験の中にも見ることができます。自転車のタイヤに空気を入れていっぱいにしたあと、タイヤのバルブから空気入れのバルブを外すと、圧縮されていた空気の一部が「シュッ」と音を立てて吹き出します。このとき、吹き出す空気が一瞬だけ白く見えることがあります。そもそも空気は透明な気体であり、白くなって見えたりはしません。白く見えるのは、空気中の水蒸気が凝結して小さな水滴になったもの、つまり雲の粒と同じものです。

　タイヤに入れる空気は空気入れのピストンで押されて気圧が高くなっています。それがバルブから漏れて吹き出すとき、急激に膨張して気圧が下がります。このとき温度が下がるのです。

　気体が膨張すると温度が下がる——このことは理解しにくい現象です。できるだけ単純化して考えるため、図1‐16のように、シリンダーに入った気体を、ピストンを引いて急に膨張させる思考実験を行います。このとき、シリンダーやピストンの壁はすべて断熱性であると仮定します。内部の気体分子は、遠ざかっていく壁に当たって跳ね返るので、止まっ

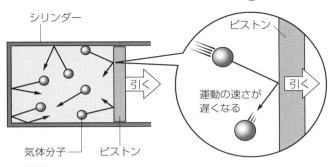

図1-16 気体を膨張させると分子の運動が遅くなる

た壁に当たるときよりも少し勢いが弱まります。野球でバッターがバントして内野手の手前にボールを転がすとき、バットを少し引きながらボールに当てて、跳ね返るボールの勢いを弱めるのと同じことです。多くの気体分子が次々と当たることにより、気体全体の分子運動が次々とおとなしくなり、温度が下がるのです。

　雲をつくる大きな空気のかたまりの場合は、このように動く壁はありませんが、高度が上がるほど周囲の気圧が下がるので、膨張して体積が大きくなります。空気のかたまりの外側の部分が中心から遠ざかっていくときに、遠ざかるピストンの壁の役割をして、それより内側の気体分子の運動を弱め、温度を下げると考えることができます。

　このように、断熱したまま空気を膨張させることを**断熱膨張**といい、空気の温度を下げるはたらきがあります。断熱膨張による温度変化は、**熱力学の第 1 法則**というエネルギーの保存に関係した物理法則で説明され、気象学で使われる基本法則のひとつです。

断熱膨張によって温度が下がる割合は、乾燥した空気と飽和した空気とでは違いがあります。飽和に達する前の乾燥した空気の場合は、1km上昇するごとに約10℃下がります。この割合を**乾燥断熱減率**といいます。

　飽和した空気の場合は、1km上昇するごとに4〜6℃下がり、この割合を「湿潤断熱減率」といいますが、乾燥している場合との違いの理由は第2章で明らかにします。

　逆に、断熱したまま空気を圧縮することを**断熱圧縮**といい、温度が上昇します。これを確かめる理科教材が販売されています。透明なシリンダーに空気と綿を入れ、ピストンでぎゅっと圧縮すると、中の空気が熱くなり綿が発火するのです。もちろん、自然界では発火するほどではありませんが、上空から空気が下降すると、気圧が高まるため空気が断熱圧縮され、1km下降するごとに約10℃の割合で温度が上昇します。このように下降気流の中では温度が上がるため、水蒸気が凝結して雲が発生することはありません。

🔍 雲はつくられては消えている

　これまでに、空に浮かぶ積雲がどのようにして成り立っているかほぼ明らかになったのでまとめてみましょう。

　地表で温められて上昇するサーマルが上空の気圧の低さのために膨張し、断熱膨張によって温度が下がります。そして温度が露点以下になると、含まれている水蒸気が過飽和の状態になります。湿った空気ほど露点が高いので、少しの高度上昇で過飽和になります。空気には凝結核となる吸湿性の小さな粒子が含まれているため、過飽和の水蒸気はその上に凝結し始めて、雲の粒ができます。できた雲の粒は、落ち始め

てもその速さは非常に遅く、また上昇気流によって支えられるため、事実上落ちてこないのです。

　発生したばかりの積雲は、雲の輪郭がはっきりしていますが、輪郭がぼやけた積雲もあります。これは、消えつつある雲です。サーマルの上昇が止まった雲では、上昇気流に支えられないため、雲の粒がゆっくりと落下し始め、乾いた空気にふれて蒸発します。また、雲の上部や側面でも、周囲の乾いた空気にふれた雲の粒は蒸発します。晴天時の積雲は、時間が経つと消滅してしまうものがほとんどです。

　しかし別の場所では、サーマルから新たな積雲ができます。雲ひとつひとつの寿命は短く、せいぜい数十分。空に雲がたくさん浮かんでいる風景は、くり返される生成と消滅の一場面なのです。

雲ができる大気の構造を知る

 雲ができる高さは決まっている

　本章の冒頭でふれたように、積雲は発達して背が高い雄大積雲となり、最も発達すると積乱雲となります。積乱雲の背の高さには限界があり、日本付近では高度11kmくらい、富士山の３倍くらいの高さです。この高さまで発達すると、積乱雲の頂上部分は上へと成長することができなくなり、水平方向に広がり始めます。このような形の雲は、特に**かなとこ雲**とよばれます。金属をたたいて加工するための台となる「鉄床（かなとこ）」の形に似ているところから、こうよばれています。

雲頂が水平方向に広がっている

積乱雲

画像：Ohki

図1-17 かなとこ雲

　かなとこ雲をともなう積乱雲の下では、雷雨になっています。晴れた日に、近隣の市など少し離れた場所で雷雨が発生しているという情報を得たら、見晴らしのよい場所で探すと図1-17のようなかなとこ雲がきっと見られるでしょう。

　かなとこ雲のできる高さは、雲のできる限界の高さともいえます。これ以上高いところには、他の種類の雲もできません。なぜこのような限界の高さができるのか、その理由を知るため、大気のしくみを温度の観点から見ていきましょう。

🔍 対流圏のしくみ

　高山に登ると平地よりも空気が冷たいことから、上空ほど空気の温度が低いことがわかります。温度が低くなる割合は、平均的に見て1kmごとに約6.5℃です。このように温

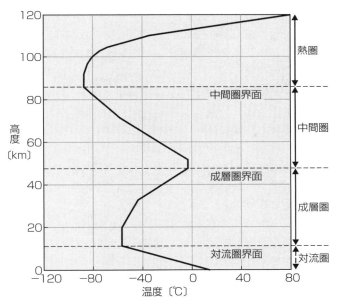

図1-18 大気の鉛直方向の温度分布　　（『理科年表』の図を改変）

度が低くなっていく割合を**気温減率**といいます。

　空気が地表付近で暖かく上空で冷たくなっているのは、太陽光が空気をほとんど素通りし、初めに地表を熱するためです。熱せられた地表が空気を下のほうから温めます。ここで空気の温まるようすを思い浮かべるとき、地面に接することで温まるイメージをいだきやすいですが、もっと正確な理解のためには赤外線の知識が必要となります。これについては第3章でくわしく解説します。

　図1-18に示したのは、大気の鉛直方向の温度分布です。

これを見ると、上空ほど温度が低いのは、日本のある中緯度付近の場合、地上から高度11km程度までであることがわかります。この範囲を**対流圏**といい、対流圏のいちばん上の面を**対流圏界面**といいます。かなとこ雲はこの対流圏界面でできます。ですから、かなとこ雲を観察すれば、対流圏の厚さを直接目で見ていることになります。対流圏界面の高さは、日本付近では約11kmですが、低緯度ではもっと高く、高緯度ではもっと低くなっています。

対流圏の呼び名は、大気が上昇したり下降したりする動きを表す**対流**からきています。これまで、サーマルの上昇と積雲の発生として解説してきたことも対流の一例です。対流圏の温度構造では、潜在的に対流が起こりやすくなっています。この理由を理解するため、実際の対流圏とは異なる、上空へいっても温度が変わらない仮想の大気（等温大気、気温減率0）を考えてみましょう（図1‐19）。

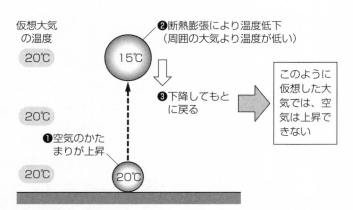

仮想大気の温度

20℃

20℃

20℃

❷断熱膨張により温度低下
（周囲の大気より温度が低い）

15℃

❸下降してもとに戻る

❶空気のかたまりが上昇

20℃

このように仮想した大気では、空気は上昇できない

図1-19 大気の温度が上空まで一定ならば、空気は上昇できない

この仮想大気中で地上付近の空気のかたまりが少し上昇したとします（❶）。すると断熱膨張によって温度が下がります（❷）。温度の下がった空気のかたまりは、地上の温度と等しい周囲の大気よりも冷たくなり、重いために地上へと下降してしまいます（❸）。もし地上付近の空気を周囲より温めたとしても、上昇すると温度が下降してすぐにまわりの空気よりも冷たくなるので、上昇できるのはほんの少しで、対流は発達しません。また、上空ほど温度が高くなっている仮想大気でも、やはり対流は発達しません。

このような仮想大気とは異なり、実際の対流圏の大気は上空ほど冷たくなっています。このため、上昇する空気に断熱膨張による温度低下が起こっても、周囲の大気よりも温度が高い場合が実現し、対流となりやすいのです。

🔍 成層圏・中間圏・熱圏

対流圏界面の上、高度約50km付近までは、対流圏とは逆に上空ほど温度が高くなっており、**成層圏**といいます。成層圏の温度が上空ほど高いのは、太陽光に含まれる紫外線を吸収する気体を含んでいるためです。紫外線が強い上空ほど、そのエネルギーを吸収してよく温まります。下のほうにくると紫外線がすでに吸収されて弱まっているので空気は温まらず、このような温度分布になります。

紫外線をよく吸収する気体というのは、オゾン（化学式 O_3）です。成層圏のオゾンが多い層を**オゾン層**といい、太陽光に含まれる生物に有害な紫外線を吸収するはたらきをしています。

成層圏は、対流圏とは逆の温度分布になっているため、対

流が起こりにくく、雲ができたり雨が降ったりすることがありません。しかし、オゾン濃度が低くなると、有害な紫外線が地上に多く降りそそぐことになるので、人間の生活する対流圏だけでなく、成層圏も人間にとってかかわりの大きいものであるといえます。

　成層圏のさらに上は、次第にオゾンが少なくなっているので、上空へいくほど温度が低くなっています。この層を**中間圏**といいます。窒素8割、酸素2割という大気の組成は、地上から中間圏までほぼ一定であることがわかっています。

　大気最上部の**熱圏**では、太陽光の高エネルギーの成分が窒素や酸素の分子や原子によって吸収されています。このため、太陽に近い上空ほど気体分子はエネルギーを得て激しく運動し、温度が高くなっています。熱圏は高度500km付近までありますが、すでに述べたように、この付近の空気はきわめて希薄です。500km以上は外気圏といい、気体分子の運動速度が地球の重力をふりきる脱出速度を超えているので、空気が宇宙空間へ逃げ出しています。その一方で、火山活動によりマグマから放出される火山ガスにより、地中から大気に気体が補充されています。

　熱圏の下部では、宇宙空間から高速で飛びこんできた塵（小さな砂粒）が、希薄ではあっても存在する空気との摩擦で熱せられて光り、地上から流星（流れ星）として見られます。また、極地方で見られるオーロラができるのも熱圏の下部です。太陽風（太陽から周囲に吹き出されている粒子）と地球磁場が作用し合うことで地球のまわりに生じた電流が、地球大気に流れこんでオーロラとなります。熱圏では、大気と天文の境界領域の現象が起こっているといえるでしょう。

雲にはどのような種類があるか

 いろいろな上昇気流のできかた

　雲の形は、積雲のようにもくもくしたものだけでなく、筋状のもの、魚のうろこのようにつぶつぶになったもの、水平方向に広がって空全体を覆うものなどさまざまです。ちなみに、「つぶつぶ」になった雲の状態は、かたまりになっているという意味で「団塊状」という表現がよく使われるので、これからそのように表現します。

　どの形の雲も、空気が上昇してできることは共通しています。ただし、空気の上昇は、地表付近の空気が太陽光で温められてできるサーマルによるものだけではありません（図1 - 20）。もしそれだけならば、日射のない夜には雲ができないはずですが、実際には夜に雲が発達して雨が降ることだってあります。

　空気が上昇する原因のひとつは、図の❷に示したように、地表の起伏によって風が上昇するものです。山頂に笠のようにかかる雲（笠雲）は、このような上昇気流でできます。また、地形による上昇気流をきっかけにして、雲が鉛直方向に発達することもあります。雲は山から少し離れたところにできることもありますが、これは風が山の上空や風下で乱れて上下に波打つためです。このようにしてできる雲は、「地形性の雲」といいます。

　また、図の❸に示したのは、温度の異なる空気のかたまりが地表で隣り合い、暖かくて軽い空気が冷たくて重い空気の

❶ 日射による上昇気流

❷ 地形による上昇気流

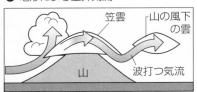

❸ 前線による上昇気流

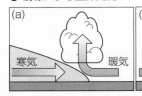

❹ 収束による上昇気流

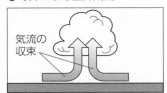

❺ 上空の寒気による上昇気流

図1-20 雲をつくる上昇気流

上に乗り上げるように動くことによる上昇です。これは第5章で解説する「前線」にともなう雲で、「前線性の雲」といいます。特に❸の (b) のように、暖かい空気が冷たい空気の上にゆるやかな傾斜をもって乗り上げるように上昇していくと、雲は積雲のように鉛直上向きには発達しません。ほぼ水平といってよい方向に広がっていき、層状の雲をつくります。次の項で解説する層状雲は、多くの場合このようにして

できます。

　図の❹のように、地表近くで異なる方向から風が吹いてきてぶつかることによる上昇もあります。このように空気がある場所に集まってくることを**収束**といいます。第4章で解説する低気圧の中心付近では、このような収束による上昇気流が起こります。また、もっと小さなスケール——たとえば関東平野の一部——でも、異なる方向から湿った風が吹き込んで収束することで雲が発生することがあります。

　最後の❺は、「上空の寒気」によって起こる上昇気流ですが、これは第2章の最後でくわしく扱います。

🖊 雲の分類の仕方

　雲は、いろいろな形のものがあるだけでなく、地上からの高さが異なります。地上から雲の高さを正確に知るのは簡単ではありません。しかし、よく晴れた日に刷毛ではいたように見える筋雲（巻雲）は、わた雲（積雲）よりもずいぶんと高いところにあることが地上から見てすぐにわかります。積雲は地上から1kmほどのところにできますが、巻雲は7〜8km、あるいはそれ以上のところにできるので、かなりの高さの違いです。

　厚さ11kmほどの対流圏の中にできる雲は、できる高さで、上層、中層、下層の3つに分けられます。さらに、発達の仕方でも分けられ、対流によって鉛直上向きに成長する雲を**対流雲**といい、水平方向に広がる雲を**層状雲**といいます。これらの分け方を組み合わせて雲を10種類に細分し、国際的に統一した分類を**十種雲形**といいます（図1-21）。

　十種雲形のうち、**積雲**と**積乱雲**の2つは、対流雲です。発

図1-21

十種雲形

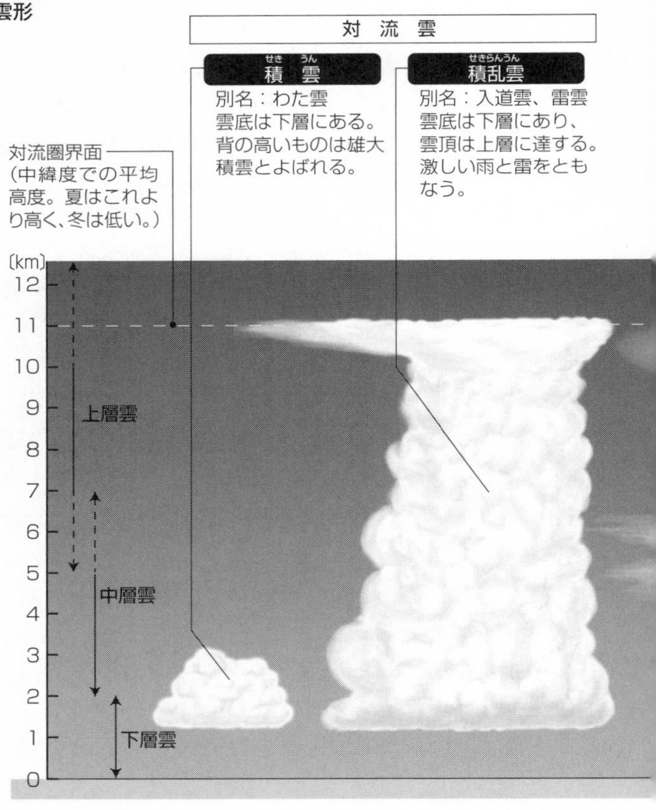

対　流　雲

積　雲 せき　うん	積乱雲 せきらんうん
別名：わた雲 雲底は下層にある。背の高いものは雄大積雲とよばれる。	別名：入道雲、雷雲 雲底は下層にあり、雲頂は上層に達する。激しい雨と雷をともなう。

対流圏界面
（中緯度での平均
高度。夏はこれよ
り高く、冬は低い。）

上の図は中緯度の場合。緯度によって、高さに違いがある。
上層雲：極地方3～8 km、温帯地方5～13 km、熱帯地方6～18 km
中層雲：極地方2～4 km、温帯地方2～7 km、熱帯地方2～8 km
下層雲：地表付近～2 km

層 状 雲

巻層雲
別名：うす雲
ベールのように覆う。太陽のまわりに光の輪が見える。

巻積雲
別名：うろこ雲、さば雲、いわし雲
細かいさざ波のように広がる。

巻 雲
別名：筋雲、巻き雲
氷の粒が落下して、刷毛ではいたような筋状に見える。

高層雲
別名：おぼろ雲
空一面に広がって曇り空。太陽が透けることもある。

高積雲
別名：大まだら雲、羊雲、だんだら雲
団塊が多数並んで広がる。

乱層雲
別名：雨雲
中層を中心に厚く広がる。本格的な雨をもたらす。

層 雲
別名：霧雲
地上に近いところに広がる。地表に接しているときは霧。

層積雲
別名：うね雲
畑のうねのように並び、雲底が少し黒っぽく見える。

生する高さ（雲の底の高さ）は下層ですが、雲頂は中層や上層にまで発達します。下層では雲の粒は水の粒ですが、上層に向かうにつれ氷粒（氷晶）が多くなります。発達した積雲は特に「雄大積雲」とよばれ、日常語の「入道雲」がこれにあたります。ただし、十種雲形では雄大積雲は積雲と区別せず、どちらも積雲とよびます。

　積乱雲は、雄大積雲がさらに発達して対流圏界面にまで達し、雲頂が平らな、かなとこ雲になっています。ただし、積乱雲をつくる上昇気流が非常に激しい場合、ときには雲頂が対流圏界面を突き抜けてしまうこともあり、「オーバーシュート」とよばれます。積乱雲は、激しい雨や雷をともなうことから「雷雲」ともよばれます。雨は、発達中の雄大積雲からも降ることがあります。

　十種雲形のひとつ**巻雲**は、対流圏の最も上層にできる刷毛ではいたような雲です。この雲は、上層で水平に吹く風が緩やかに上昇する部分にできたり、風の乱れの中で空気が膨張して冷やされるなどしてできます。

　上層の空気は、含む水蒸気量がもともと少ないことが特徴です。つまり、上層の低い温度では少ない水蒸気量で飽和し、空気が薄い分だけ水蒸気量も少ないのです。このため雲の粒は、中層や下層のように多くは生じず薄い感じになり、一般に強い上層の風に流されて、筋状になります。

　また、巻雲はすべて氷晶でできています。巻雲の比較的濃い部分から尾のように伸びる筋は、巻雲をつくる氷晶が落下しながら風で流れる姿の場合があります。航空機に乗って窓際の席に座ったら、巻雲を観察してみましょう。巻雲から氷晶が落ちるようすを確認できることがあります。

このほかの雲は層状の雲です。できる高さによって、上層、中層、下層に分けることができますが、ここでは雲の形と呼び名に注目して2つに分けて見ていきましょう。

✏️「〜積雲」という名の雲たち

　初めに、団塊状の雲が層状に広がる「〜積雲」という名前のついた雲を見ていきましょう。このような雲のうち、上層にできるものは**巻積雲**（けんせきうん）といい、小さな団塊状の多数の雲が空の高いところに広がって見えます。雲の粒はすべて氷の結晶であり、濃度が薄いので光が透けて明るい白色に見えます。巻積雲は、魚のうろこのように見えることから、「さば雲」や「いわし雲」などともよばれます。

　これより低い中層にできるものは、**高積雲**（こうせきうん）といいます。この雲は、巻積雲に比べて団塊が大きく、やや厚さがあり、濃い感じに見えます。雲の粒は、水の粒または氷の結晶でできています。羊の群れのように見えることから、「羊雲」などともよばれます。

　下層では、小さな積雲ほどの大きさの団塊が空にたくさん敷き詰められた**層積雲**（そうせきうん）ができます。積雲がたくさんあるようすと層積雲とでは区別が明確にできないことがあります。雲底が畑の畝（うね）のように並んで見えることから、「うね雲」ともよばれます。普通、すべて水の粒でできており、厚さもあるので、雲底が少し黒っぽく見えます。

✏️「〜層雲」という名の雲たち

　次に、層状に平らに広がる「〜層雲」という名前のついた雲を見ていきましょう。上層には、**巻層雲**（けんそううん）ができます。厚さ

が薄く、雲の粒の密度も小さいので空が透けて見え、薄いベールをかけたようです。太陽の光もほとんど遮られませんが、空が白っぽく見えるので、「薄曇り」の天気となります。雲の粒はすべて氷の結晶でできており、氷の結晶に入射する太陽光が内部で規則的に屈折、反射することが原因となって、太陽のまわりに「暈」とよばれる大きな光の輪が見られることがあります。

　中層には、もっと厚い層状の雲ができ、**高層雲**とよばれます。比較的薄いときは太陽や月の形が透けて見え、「おぼろ雲」とよばれます。厚くなると、空全体を灰色に覆って曇り空になります。高層雲がもっと厚さを増し、下層や上層にまで広がると**乱層雲**とよばれるようになります。乱層雲は本格的な雨をもたらす雲です。

　下層には、**層雲**ができます。層雲はとても低くできることがあり、地上に接してできるときは霧とよばれます。霧は、空気が上昇して発生する雲とは異なり、冷たくなった地表がその上の空気を冷やすことで発生します。層雲は、地表の霧や飽和する直前の空気の層が弱い上昇気流で上空にもち上がってできます。「霧雲」とよばれることもあります。すべて水の粒でできており、大きくなった雲の粒がゆっくり落下して「霧雨」になることがあります。もっと高い雲からこのような粒が落下しても途中で蒸発して消えてしまいますが、層雲は、雲の中でもできる高さが特に低いため、霧雨を降らすのです。

　層雲から降る霧雨と、積乱雲や乱層雲から降る本格的な雨とは、雨粒のでき方がまったく異なります。雨がどのようにして降るのか、第2章でていねいに考えていきましょう。

雨と雪の
しくみ

雲の粒から雨粒への成長の鍵は何か

🔍 雨粒の形と大きさ

　雨粒を絵にするとき、上にしっぽのある涙形にするのが常ですが、実際はどのような形になっているのでしょうか。

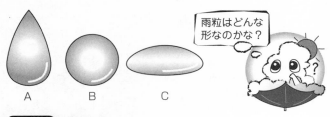

図2-1 雨粒の形は？

　落下する水滴は、半径が１mm程度までは図2-1のBのようにほぼ球形ですが、サイズが大きくなると、空気の抵抗のため下側が平らにつぶされてきます。半径が２mmを超えると図のCのようにつぶれたまんじゅうのような形になり、いくつもの水滴に分裂するものも現れ始めます。水滴の大きさは、せいぜい半径３mmになるのが限界です。ですから、雨粒の大きさは、典型的な雨では半径１〜２mmくらいと考えてよいでしょう。

🔍 雲の粒は簡単には雨粒にならない

　雨粒はどのようにしてできるのでしょうか。雲の粒がまわりの水蒸気を集めさえすれば、大きく成長して雨として降っ

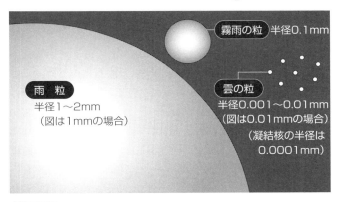

霧雨の粒　半径0.1mm

雲の粒
半径0.001〜0.01mm
（図は0.01mmの場合）
（凝結核の半径は
0.0001mm）

雨　粒
半径1〜2mm
（図は1mmの場合）

図2-2　雨粒、霧雨の粒、雲の粒の典型的な大きさ

てきそうにも思えます。第1章で考えたように、サイズの小さな雲の粒は落ちてきませんが、大きくなれば落下の終端速度も大きくなり、落ちてくるはずだからです。

　半径0.1mmの霧雨のサイズでも、上昇気流が弱ければ雲からゆっくりと落ちてきます。しかし、小さな水滴は、雲から出て落ちてくる途中で飽和していない空気にふれたとき、容易に蒸発してなくなってしまいます。霧雨が地上にまで落ちてくるのは、雲が特に低いところにある場合だけです。この大きさの水滴は、雨粒というよりも、むしろ大きめの雲の粒に分類されます。典型的な雨が降るためには、水滴がもっと大きくなるしくみが必要です。サイズが大きければ、容易には蒸発せず、また終端速度が速いため素早く地上まで落ちてくることが可能になるからです。

　ここで、雨粒と雲の粒のサイズがどれくらい異なるのか、あらためて比べておきましょう。図2-2は、雨、霧雨、雲

について、粒の典型的な大きさを比較したものです。

　典型的な雨粒は、典型的な雲の粒の100倍の半径があります。半径で100倍ということは、体積で比べるとその3乗の100万倍です。つまり雨粒になるには、凝結核が雲の粒になるまでに周囲から集めた水蒸気の量に比べて、さらに100万倍の水蒸気を集めなければならないのです。これには非常に長い時間がかかり、実際には実現しません。どれくらい時間がかかるか例をあげると、半径0.001mmの小さめの雲の粒が、半径1mmの本格的な雨粒になるには、約2週間もの時間がかかります。一方、雲の寿命は長くても数時間です。

　また、雲の中には膨大な数の雲の粒があります。これらの粒が一斉に成長すると考えると、雲の中の水蒸気を分け合うことになり、それぞれほんの少しずつしか大きくなれません。「平等」であることは、雲の粒の成長にとって障害です。そうではなく、一部の雲の粒だけが「独占的に成長する」しくみが必要となってきます。

「独占的に成長する」ってどういうこと？

🔍 雲の粒の「独占的」成長が鍵

　雲の粒の独占的成長のしくみは、複数の効果が組み合わさったものです。そのひとつは、化学的な性質による効果です。雲の凝結核にはいろいろな種類があることを第1章で述べました。そのうち、塩化ナトリウム、硫酸、硫化アンモニウムなどを含む凝結核は、これらの成分が雲の粒にイオンとなって溶けこみます。

　例として塩化ナトリウム NaClを考えると、ナトリウムの

イオン（Na$^+$）はプラス、塩素のイオン（Cl$^-$）はマイナス
の電気を帯びています。一方、水分子 H_2O は、水素原子 H
の部分がプラスの電気を帯び、酸素原子 O の部分はマイナス
の電気を帯びています。イオンは、水分子の電気を帯びた部
分を引きつけて、水分子が液面から飛び出して水蒸気になる
ことを抑制する効果を発揮します。このため、純粋な水に比
べて、蒸発が起こりにくく、凝結が進みやすいのです。

　この効果により、雲の中にイオンを含んだ粒と含まない粒
があると、含むほうの粒がより速く成長し、大きくなりま
す。そして水滴は、半径が大きくなるほど、表面から水分子
が飛び出しにくくなり成長しやすくなります（これは「ケル
ビン効果（曲率効果）」によるが、本書では説明を省略）。

　しかし、これらの効果が合わさっただけでは、まだ時間が
かかり、半径0.1mmほどになるのに約３時間が必要と見積
もられています。この大きさでは、大きめの雲の粒、あるい
は霧雨ほどでしかありません。半径１mm以上の雨粒ができ
るには、さらに決定的な「独占的に成長する」しくみによっ
て、急速に成長することが必要です。気象学では、そのし
くみの違いによって「暖かい雨」と「冷たい雨」というよう
に、雨粒ができるしくみを区別しています。

　初めに、暖かい雨について見ていきましょう。

🔍 少数の塩粒がもとになって降る「暖かい雨」

　陸上と海上の大気に含まれる凝結核を比べると、陸上では
土壌粒子が風で舞い上がることにより、多数の凝結核が浮遊
しています。一方、海上では、陸上よりも凝結核の数が少な
くなっています。陸上では１cm^{3}当たり数百個以上あります

が、海上では1桁少ない数十個程度です。

　海上で凝結核の数が少ないというと、雲ができにくいのではと考えてしまうかもしれません。たしかに発生する雲の粒の数が少ないのですが、その代わりに、少数の雲の粒が水蒸気を取りこめるので、大きく成長しやすいという効果が生じます。

　また、海上の大気には、波しぶきが空中で乾いてできた塩の粒である**海塩粒子**が多く含まれています。海塩粒子は他の凝結核と比べてもともとのサイズが数倍〜10倍大きいのが特徴です。また、吸湿性にすぐれているので、飽和していない空気中からも水蒸気を吸着して水を含んだ粒になります。つまり、過飽和になってから生じる他の凝結核による雲の粒よりずっと前に大きいサイズで雲の粒になり、空気が飽和すると真っ先に成長を始めるのです。加えて、すでに述べたように、塩分が溶けた水は、真水に比べて水の蒸発が抑えられ水蒸気が凝結しやすくなっています。

　このようにして、海塩粒子による雲の粒は、生まれたときから独占的に成長できる地位にあります。そして、さらに決定的な独占的成長が起こります。これは雲の粒の落下速度の違いによるものです。大きくなった雲の粒は、小さい雲の粒よりも落下速度が大きくなります。大きい雲の粒は、落下する小さい雲の粒に追いついて衝突し、合体することによって大きくなるのです（図2-3）。このような過程を**衝突併合過程**といいます。同じような大きさの雲の粒ばかりの雲では、それぞれの落下速度に違いがないため、衝突併合過程はあまり起こりません。

　雲の粒が0.02mm程度になると、典型的な他の小さい雲の

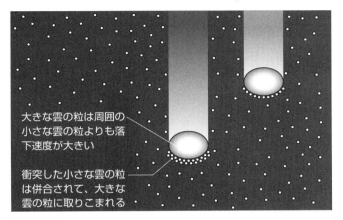

大きな雲の粒は周囲の
小さな雲の粒よりも落
下速度が大きい

衝突した小さな雲の粒
は併合されて、大きな
雲の粒に取りこまれる

図2-3　衝突併合過程　　　　　　（『最新気象百科』の資料を元に作図）

粒との速度差が十分になり、衝突併合過程が盛んになりま
す。海塩粒子による雲の粒には、最初からこの大きさのもの
も含まれます。そして、いったん、衝突併合過程によって水
滴が大きくなると、落下速度がさらに大きくなるため、次の
衝突も起こりやすくなり、成長はさらに急速になります。

　このような過程を経て雲の粒が雨粒に成長するのが、**暖か
い雨**とよばれるしくみです。暖かい雨は、熱帯の海におい
て、雲頂がそれほど高くない積雲から降る雨によく見られま
す。この雲は、暖かくて氷の粒を含んでおらず、すべて水滴
です。また、雲が発生し始めてから雨が降るまで20分程度
と短時間であるのも特徴で、シャワーのような雨となりま
す。日本においては、暖かい季節の海上で発生する雲などか
ら降ることがありますが、比較的少ないと言われています。

　暖かい雨の衝突併合過程のしくみを利用することによっ

て、人工的に雨を降らす試みがあります。雲の粒をたくさん蓄えているが、雨を降らすにはいたっていない雲を見つけ、そこに小さな水滴をまくのです。雨を降らせるために水をまくというのは、意味がなさそうにも聞こえますが、そうではありません。雲の中に雲の粒よりも大きい水滴を噴霧すれば、中を落下するときに雲の粒を集めます。試算によると、1トンの水をまくことで100万トンの雨を降らせることも可能とされています。

　暖かい雨の降る熱帯の海とは異なり、日本のある中緯度では、暖かい雨とは別のしくみで雨が降ります。もうひとつの雨のしくみ「冷たい雨」を見ていきましょう。

日本付近の雨はどのようにして降るか

🔍 「冷たい雨」のもととなる氷晶の生成

　雲の中の氷の粒が大きく成長し、落下するときに融けて雨粒となるしくみを**冷たい雨**といいます。このような雨のしくみの説明は、「大陸移動説」で有名なドイツのウェゲナーによって最初に提唱され、その後、ノルウェーで研究活動した気象学者ベルシェロンが1933年に確立しました。ベルシェロンの氷晶説とよばれます。

　大気の温度は、1000m上昇するごとに約6.5℃の割合（気温減率）で低くなるので、地上が30℃の気温のときでも、上空5000mでは氷点下です。ですから、対流圏の上層にまで達する積乱雲を例に考えると、その上部の温度は常に氷点

下です。

　このため、対流圏の上層では、雲の粒が水ではなく、氷でできています。氷でできた雲の粒を**氷晶**とよびます。これまで、液体の雲の粒ばかりを考えてきましたが、これから液体の雲の粒は「雲粒」とよび、氷の雲の粒は「氷晶」とよんで区別することにします。

　さて、氷晶は、雲の中でどのようにしてできるのでしょうか？　雲の下のほうでできた水滴の雲粒は、温度が0℃以下になる高度まで上昇気流によって運び上げられると、すぐに凍って氷になりそうなものです。ところが実際には、空中に静かに浮かぶ小さな水滴は、凍るはずの氷点下になってもなかなか凍らないことがわかっています。0℃以下でも凍らないでいる水を**過冷却水**といいます。

　実験によると、粒が小さいほど凍りにくく、これは次のように、液体から固体の結晶が生じるときのミクロな性質によると考えられています。

　ミクロの視点で見た固体と液体の違いは、分子が位置を変えずにいるか動き回っているかというだけではありません。固体では、構成する分子が規則正しく並んでつながり合っています。水分子のH_2Oは、水素―酸素―水素の結びつく角度が120度に近いことから、分子が結びついて結晶となるとき、六角形を基本とする形になります（図2‐4）。このため氷晶も、多くが六角形を基本とした形です。

　ばらばらに動き回る液体の水分子は、0℃以下では、六角形につながり合った小さな構造（小さな結晶）があちこちにできて成長し始めます。これが結晶の種となり、この種に水分子が規則正しくつながって大きくなることで、液体の水

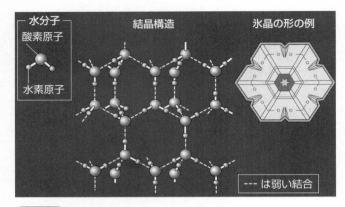

水分子
— 酸素原子
— 水素原子

結晶構造

氷晶の形の例

--- は弱い結合

図2-4 水分子が結晶するときの構造

は、全体が結晶構造をもつ固体の氷に変化します。

　ところが、この小さな結晶の種は、まわりで動き回る液体の分子がぶつかると容易に壊れてしまうか弱いものです。0℃から少し低いくらいの温度では、分子はまだ動きが活発で、結晶の種ができてもほとんどが壊れてしまいます。一度氷になってしまえば、この温度でも安定した氷でいられますが、凍り始めはなかなかたいへんなのです。

　しかし、たまに運よく分子の衝突がなく、生き延びて大きく成長し始めるものが現れます。ある程度の大きさになれば、その後は少しくらい衝突によって壊れても、残った結晶構造をもとに成長を続けます。

　生き延びる結晶の種が1つでもあれば、それをもとにして結晶が成長し、水滴全体が凍ることができます。その1つの生き残りが実現するためには、水分子の数ができるだけ多い集団のほうが確率が高く、有利です。逆に、水分子の数が少

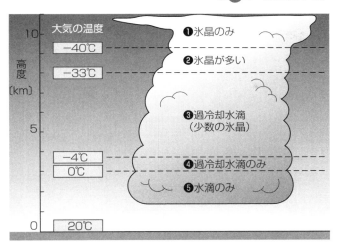

大気の温度

10

高度〔km〕

−40℃

−33℃

5

−4℃

0℃

0

20℃

❶氷晶のみ

❷氷晶が多い

❸過冷却水滴（少数の氷晶）

❹過冷却水滴のみ

❺水滴のみ

図2-5 積乱雲内部の上昇気流によって生じる氷晶と水滴の分布

ない集団では、結晶の種が1つも生き残らない可能性が高くなります。つまり、小さな水滴ほど凍りにくいのです。このようにして、小さな水滴である雲粒は、過冷却水の水滴（過冷却水滴）のままなかなか凍りません。

　過冷却水滴の雲粒が自然に凍るのは、非常に低い温度で、マイナス33℃以下でやっと凍るものが現れ始めます。温度が低いほど液体の分子の動きがおとなしくなるので、小さな結晶の種が壊れずに生き残る確率が高くなります。おおよそマイナス40℃以下では、ほぼ100％の雲粒で結晶の種が生き残り、雲粒全体が凍ります。積乱雲の最上部や巻雲のできる高さではマイナス40℃以下の温度になりますから、雲の粒はすべて氷晶です（図2-5の❶）。

　逆に、同じ氷点下でも温度が高めのマイナス33℃以上の

ところでは、氷晶ができ始めてはいるものの、多くの雲粒は過冷却水滴のままです（❸）。特に、マイナス４℃から０℃のところは、ほとんどすべての雲粒が過冷却水滴でできています（❹）。このように、過冷却水滴の雲粒は、かなり低い温度になっても簡単には凍りません。

　ところが、マイナス33℃以上の雲の中でも、大気中に存在するある種のエアロゾルの助けを借りると、簡単に凍ることができます。このようなエアロゾルは、**氷晶核**とよばれます。氷晶核として代表的なのは、土壌粒子などに含まれる鉱物でできたエアロゾルです。氷は水分子が規則正しく並んで結びつくことによってできる結晶なので、同じ結晶である鉱物の粒にも結びつきやすいのです。氷と結晶の形が似ているほうがより氷晶核に適しています。

　そのような鉱物の例として、粘土の粒子であるカオリナイトという鉱物や、火山噴火によって舞い上がる火山灰があります。また、春先に大陸で強風によって巻き上げられた土壌粒子が日本にも到達して空を黄色くさせる「黄砂」現象の粒子も、氷晶核になります。さらに、ヨウ化銀という物質は、人工的に雨を降らせる実験に使われる人工の氷晶核で、水と結晶の構造が似ています。ヨウ化銀を、過冷却水滴の雲の中にまくと、雲の中に氷晶をつくり出すことができます。

　大気中の氷晶核は、過冷却水滴に接して中に入りこむことで結晶の種となり水滴を凍らせます。また、ある種のエアロゾルは、雲粒ができるときには凝結核としてはたらき、氷点下になってからは、そのままその雲粒の中で氷晶核としてはたらき、雲粒を凍らせます。さらに、ある種の鉱物でできた土壌粒子は、マイナス15℃からマイナス９℃にまで温度が

下がると、空気中の水蒸気が直接凍り付いて氷晶になります。水蒸気が直接氷になる変化を昇華凝結といいます。

　さて、氷晶核さえあれば、過冷却水滴はすべて順調に凍りそうです。ところが、氷晶核は、過冷却水滴に比べて数がとても少ないのが欠点です。氷晶核の数は、マイナス20℃のときを例にすると、大気1 L 中に1個程度しかありません。これは水滴の雲粒をつくる凝結核の100万分の1くらいの数です。ですから、氷晶核によって生じる氷晶は雲粒よりもずっと数が少なく、マイナス33℃から0℃の雲では、依然として過冷却水滴の雲粒がほとんどです。

🔍 雲の中で氷晶が成長する特殊なしくみ

　生成した数少ない氷晶は、周囲の水蒸気分子を集めながら、昇華凝結によって成長します。水滴の雲粒が成長することを解説したときに、凝結による成長は非常に遅く、雨粒をつくるにはいたらないことにふれました。氷晶の昇華凝結による成長も、本来これと同じくらい遅いものです。ところが、氷晶と過冷却水滴が混在する氷点下の雲の中では、ちょっと特殊なしくみで、氷晶の独占的成長が起こります。

　このしくみを理解するため、第1章で分子のモデルを用いて解説した、水蒸気の「飽和水蒸気圧」についてもう一度思い返してみましょう。

　水面を境にして液体の水と水蒸気があるとき、水分子が水面から空中に飛び出していく数と、水蒸気を構成する水分子が空中から水面に飛びこむ数が同じになると、空中の水分子の数が増えも減りもしなくなり、飽和します。このときの水蒸気圧が飽和水蒸気圧です（図2-6(a)）。

(a) 過冷却水に対する飽和

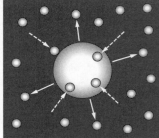

(b) 氷に対する飽和

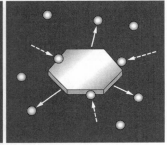

水から飛び出す↑の数と水に飛びこむ↓の数が等しいときに、水蒸気は飽和している

氷から飛び出す水分子は、水からの場合よりも少ないので、周囲の水蒸気が（a）より少ないときに飽和する

図2-6 過冷却水と氷に対する飽和水蒸気圧の違い
（『最新気象百科』の資料を元に作図）

　では、液体の水がなく、その代わりに固体の氷がある場合は、飽和水蒸気圧はどのようにして決まるのでしょうか？これが決まるしくみも同じです。図の（b）のように、氷の表面からも水分子が空中へと飛び出して蒸発（昇華蒸発）しており、この飛び出す水分子の数と、空中から氷の結晶の内部に飛びこんで昇華凝結する水蒸気分子の数が同じになるときが飽和です。

　ただし液体の水の場合と異なるのは、分子どうしが規則正しく並ぶように結びついて結晶をつくっていることです。この状態は、液体の状態と比べ、分子どうしの引き合う力がや強固です。結びつきが強い分だけ、水分子は空中へ飛び出しにくくなっています。このため、液体の水のときよりも空

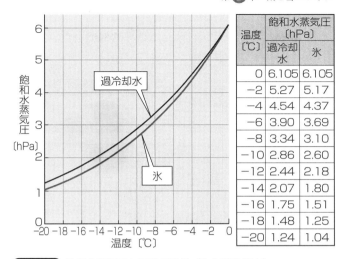

温度〔℃〕	飽和水蒸気圧〔hPa〕	
	過冷却水	氷
0	6.105	6.105
−2	5.27	5.17
−4	4.54	4.37
−6	3.90	3.69
−8	3.34	3.10
−10	2.86	2.60
−12	2.44	2.18
−14	2.07	1.80
−16	1.75	1.51
−18	1.48	1.25
−20	1.24	1.04

図2-7 飽和水蒸気圧と温度の関係（氷と過冷却水）

（数値の出典：『一般気象学』）

中の水蒸気が少ない状態のときに、飽和になります。（ a ）と（ b ）はどちらも飽和の状態ですが、過冷却水よりも氷のほうが周囲の水蒸気の数が少なくなっています。つまり、氷の場合、過冷却水よりも周囲の水蒸気圧が小さくても飽和するということです。

　図2-7はこれをグラフで表したものです。飽和水蒸気圧のグラフは、0℃以上の場合について図1-12で示しましたが、そこではグラフは1本になっていました。ところが氷点下では、過冷却水の場合と氷の場合では値が違い、2本になっています。

　過冷却水（液体）と氷（固体）が共存する雲の中の水蒸気量は、この2本のグラフのちょうど間の状態になることがよ

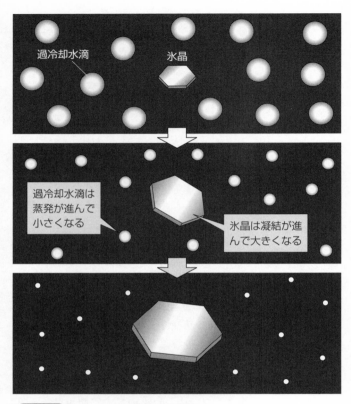

図2-8 氷晶の成長過程（氷晶過程）

くあります。過冷却水に対しては飽和していないが、氷に対しては飽和しているという中間の状態です。このようなとき、どんな現象が起こるでしょうか？

図2-8は、過冷却水滴と氷晶が共存する雲の中で起こる現象を表したものです。図の過冷却水滴に対しては水蒸気が

飽和していないので、蒸発が進んで水滴は小さくなっていきます。その一方で、氷晶に対しては水蒸気が過飽和になっています。マイナス10℃で過冷却水滴に対してちょうど飽和している水蒸気の場合、氷晶に対しては10％も過飽和です。このため、空気中の水蒸気は氷晶にどんどん昇華凝結し、氷晶は急速に成長していきます。

　氷晶が空中の水蒸気分子を集めても、過冷却水滴が蒸発して補給してくれます。もしこのような補給がなければ、氷晶が少し成長するとまわりの水蒸気分子が少なくなって──つまり過飽和度が下がって──成長が止まったり遅くなったりするところです。ところが、過冷却水滴のあるおかげで氷晶にとっての過飽和が保たれ、成長しやすい状態が続くのです。逆に、過冷却水滴にとっては、氷晶が水蒸気をどんどん集めるおかげで周囲の水蒸気が飽和せず、蒸発が進みやすくなります。氷晶と過冷却水滴には数の差があることも有効にはたらきます。10万〜100万個の過冷却水滴が1個の氷晶を成長させます。十分なサポートです。

　こうして、氷晶が周囲の多数の過冷却水滴の雲粒を消費しながら、独占的に成長していく過程を、**氷晶過程**といいます。マイナス15〜マイナス10℃が氷晶過程の最も進みやすい温度です。

🔍 雲の中で氷晶が成長して雪の結晶になる

　水蒸気を集めて昇華凝結により成長した氷晶とは、雪の結晶のことです。ひとくくりに雪といっても、その結晶の形や大きさはさまざまあります。水分子が規則正しく並ぶ氷の結晶は、六角形を基本にする形になることをすでに述べまし

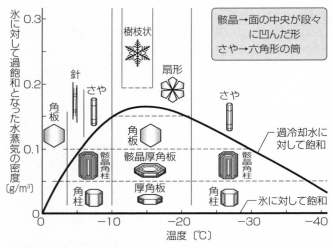

図2-9 雪の結晶の形（小林ダイヤグラム） 小林禎作が中谷宇吉郎の研究を発展させたもの。中谷-小林ダイヤグラムとよばれることもある
（〔Kobayashi 1961:Phil. Mag., 6, 1363-1370〕を改変）

た。6方向に樹枝状の枝が複雑に伸びる形は、雪の結晶の象徴としてよく描かれる形です。このほか、大きく分けて六角形の板状の結晶、六角柱の結晶、六角柱の筒になったさや（鞘）状の結晶、さやの端からさらに鋭く針状になった結晶があります。

　図2-9は、雪の結晶が、湿度と温度の条件によってさまざまな形になることを表しています。横軸は温度で、右へ行くほど温度が低くなっています。縦軸は空気の湿り具合ですが、実際の水蒸気量が各温度での氷に対する飽和水蒸気量よりもどれだけ多いか（過飽和であるか）で表されています。

縦軸のいちばん下の目盛り、つまり横軸の線が氷に対してちょうど飽和です。縦軸で目盛り 0.1 のところは、氷に対して 0.1g/m³ だけ過飽和という意味です。

　グラフに曲線として描かれているのは、各温度での過冷却水に対する飽和水蒸気量です。氷よりも水に対しての飽和水蒸気量のほうが大きいことを示しています。曲線の下側は、水蒸気量が氷に対しては飽和しているが、水に対しては飽和していない領域です。この領域では、氷晶過程が進み、氷晶が成長することをすでに述べました。曲線の上側は、水蒸気量が氷に対しても水に対しても飽和している領域です。

　例として、温度がマイナス 10 ～マイナス 20℃で、水蒸気が過冷却水滴に対しても飽和している場合を図から読み取ってみましょう。このときは、よく知られた美しい樹枝状の結晶などができます。同じ水蒸気量でも、もっと温度が低いときを見ると、さや状の結晶になることが読み取れます。

　このような雪の結晶の形と、温度、水蒸気量との関係を明らかにする研究を成し遂げたのは、日本の中谷宇吉郎です。すぐれた随筆をたくさん残しているので、読んだことのある人もいることでしょう。彼は1900年石川県生まれの物理学者で、雪の結晶の研究など雪氷学の開拓者として知られています。この成果をもとに、実験室で温度と湿度の条件を変えて、自由自在に思う形の雪の結晶をつくってみせました。

　雪が、雪のまま地上に落ちてくるか、融けて雨となって落ちてくるかは、雲から地上までの間の温度と湿度によって決まります。地上の気温が 2℃以下程度であれば、雪は途中で融けずに地上まで落ちてくると言われます。また、落ちてくる途中の大気の湿度が低いときも雪は融けにくくなります。

なぜなら、雪の粒から水蒸気が蒸発しやすいので、熱が奪われて雪の粒の温度が上がりにくいからです。濡れた肌が乾くときにすーっと冷たく感じるのは蒸発のとき熱が奪われるからですが、それと同じ原理です。

🔍 氷晶が落下しながら合体して大粒の雨に

　雲の粒は、氷晶過程で雪の結晶が成長することによって、小さめの雨粒の大きさにまで成長できます。これが地上に落ちてくるまでに融ければ雨となるのです。

　しかし、大粒の雨の場合、昇華凝結によるものだけでなく、粒子どうしの衝突によるさらなる成長過程が起こっています。

　昇華凝結の過程で大きくなった氷晶は、落下速度が大きくなって、雲の中に漂う小さな過冷却水滴の中を落下し始めます。すると氷晶は、落下速度の小さい過冷却水滴の雲粒に追いついて衝突します。このとき、過冷却水滴は一瞬で氷晶に凍り付きます。

　凍り付き方は、そのときの条件によって変わります。温度が比較的高いときには、水滴は氷晶の表面に広がるようにして凍り付きますが、温度が低いときは水滴は丸い粒のまま凍り付き、金平糖のような、いぼいぼのついた粒をつくります。多数の過冷却水滴の雲粒を凍り付かせながら、急速に氷晶は大きくなります。粒が直径5mm以下のときは「あられ（霰）」とよばれ、もっと大きいときは「ひょう（雹）」とよばれます。大気の条件によっては、あられやひょうはそのまま地表に降ってきますが、途中で融けてから地上に落ちてくると、大粒の雨となります。

　過冷却水滴の雲粒が氷晶に凍り付く過程では、雨粒の数を
ふやす現象も起こっています。というのは、凍り付くときに
結晶に歪みが生じて、小さな氷晶の破片が多数散らばるらし
いのです。細かな氷晶は、大きな氷晶のようには速く落下で
きないので、雲の中に漂い、水蒸気を昇華凝結させる新たな
核として、成長を始めます。そして大きくなれば落下し始め
ます。このようなしくみによって、氷晶核をもとにできた氷
晶は、もともと数が非常に少ないにもかかわらず、多数の氷
晶を生み出すことができます。これを氷晶の増殖作用といい
ます。

　さらに、氷晶どうしが衝突して合体することもあります。
温度は高めのほうが合体しやすいようです。なかでも樹枝状
の雪の結晶どうしはくっつきやすく、集まって雪片とよばれ
るかたまりになることがよくあります。これが地上まで落ち
てきたのが「牡丹雪」とよばれているふわふわ落ちる大きな
雪です。上空の牡丹雪が、融けてから地上に落ちるときも、
比較的粒の大きな雨になります。

　図2−10は、暖かい雨と冷たい雨のしくみをまとめたもの
で、海塩粒子が多いか少ないか、雲が暖かいか冷たいかが両
者の分かれ目です。

　では、雲の温度が高いであろう熱帯では、すべてが暖かい
雨かというと、そういうわけではありません。地上が30℃
以上でも、5000mも上空に昇ればすでに氷点下です。ま
た、赤道付近の対流圏界面は中緯度よりも高くなっており、
積乱雲の雲頂は18kmに達することもあり、十分低温です。
熱帯の海上で暖かい雨が降るのは、もっと雲頂が低い積雲で
す。海塩粒子が豊富で暖かい雨のしくみがはたらく場合で

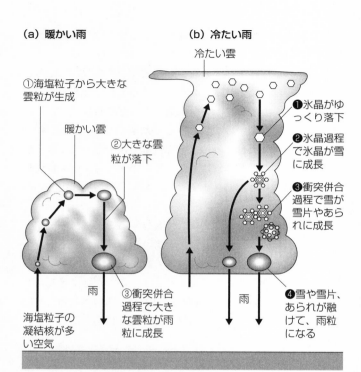

(a) 暖かい雨

①海塩粒子から大きな雲粒が生成

暖かい雲

②大きな雲粒が落下

海塩粒子の凝結核が多い空気

雨

③衝突併合過程で大きな雲粒が雨粒に成長

(b) 冷たい雨

冷たい雲

❶氷晶がゆっくり落下

❷氷晶過程で氷晶が雪に成長

❸衝突併合過程で雪が雪片やあられに成長

雨

❹雪や雪片、あられが融けて、雨粒になる

● 水滴や雨粒　○ 氷晶　※ 雪の結晶　※※ 雪片　※ あられ

図2-10 暖かい雨と冷たい雨のしくみ

も、雲頂で氷晶ができるほど高く成長した雲では、冷たい雨
のしくみもはたらいて雨が降ります。

さて、積雲や積乱雲といった対流性の雲から降る雨のしく
みはわかりましたが、雲には層状雲もあります。その場合は
どうやって雨が降るのでしょうか。

🔍 層状雲から冷たい雨が降るしくみ

　乱層雲は、対流圏の中層を中心に広がる雲であり、厚いときには、対流圏の上層にまで達しています。このような場合は、雲の上部に氷晶が多数できるので、冷たい雨のしくみで雨が降ることに疑問はないでしょう。

　しかし、乱層雲の雲頂はいつも上層にまで達しているわけではありません。対流圏の中層では、氷晶がたくさんできるほど低温になっていないことがあります。すでに述べたように、マイナス33℃以上では、雲粒はほとんど過冷却水滴のままだからです。氷晶核によってできたごく少数の氷晶はありますが、本格的な雨が降るには数が不十分です。このような乱層雲でも本格的な雨は降り、また、乱層雲だけではなく、高層雲や層積雲といった雲から雨が降ることもあります。これは、どういうわけなのでしょうか。

　この疑問を解く鍵は、雨を降らせている層状雲のさらに上空にあります。第1章の最後で上層の巻雲について述べたとき、筋状あるいは刷毛ではいたように見えるところは、生成した氷晶が落ちている姿であることにふれました。地上で巻雲を見るのは晴れた空のときですが、曇り空や雨空のときでも、そのさらに上空に巻雲があることは特別なことではありません。上層の巻雲は、その下の乱層雲に氷晶を落下させます（図2‐11、図2‐12）。それが核となって、過冷却水滴の雲粒の豊富な乱層雲の中で氷晶過程により氷晶が成長し、雪ができます。この雪が融けて地上に落ちてくると雨になるのです。このような多重構造による雨のしくみも、氷晶がもとになっているので、一種の冷たい雨です。

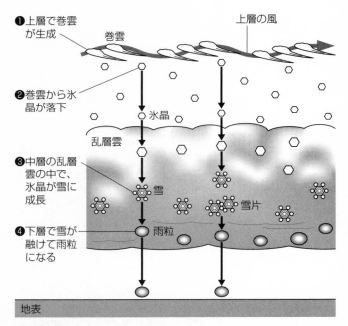

●上層で巻雲が生成

巻雲

上層の風

❷巻雲から氷晶が落下

氷晶

乱層雲

❸中層の乱層雲の中で、氷晶が雪に成長

雪

雪片

❹下層で雪が融けて雨粒になる

雨粒

地表

図2-11 層状雲から降る雨のしくみ

　多重構造は2層ではなく、上層に巻雲、中層に高層雲、下層に層積雲という3層になっていることもあります。このときは、上層の巻雲から落下した小さな氷晶が中層の高層雲の過冷却水滴の中で成長し、さらに下層の層積雲の中を落下するときに水滴を集めながら融け、それが地上に降るというような過程が起こっていると考えられます。

　乱層雲に冷たい雨を降らせるしくみとしてもうひとつ付け加えておきましょう。乱層雲の層の厚さは一様ではなく、ところどころ鉛直方向の対流が盛んな部分ができて、雄大積雲

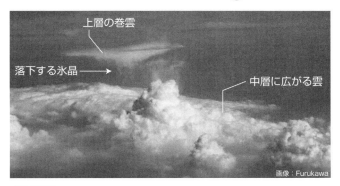

上層の巻雲

落下する氷晶 ➡

中層に広がる雲

画像：Furukawa

図2-12 上層の巻雲から中層の雲へと落下する氷晶　対流圏上層を飛行する航空機から撮影した画像

のように雲頂が高くなっていることがあります。この高い部分でできた氷晶が、周囲の低い部分へもばらまかれます。一般に、層状雲の雨は、粒が小さめでおだやかですが、ときおり雨足が強くなるのは、このように氷晶をたくさんつくる部分が通過したときであると考えられます。

2-3
自分で殖える積乱雲の不思議

🔍「非常に激しい」と言われる雷雨の雨量

　一般的な雨の降るしくみがわかったところで、今度は「豪雨」とよばれる激しい雨のことを考えていきましょう。

　雨の中でも、1時間に20mm、30mm、さらに50mm以上といった激しい雨を降らせるのは、発達した積乱雲です。こ

予報用語	1時間雨量 (mm)	イメージ	人への影響や災害
やや強い雨	10以上〜 20未満	ザーザーと降る。	地面一面に水たまりができる。この程度の雨でも長く続くときは注意が必要。
強い雨	20以上〜 30未満	土砂降り。	傘をさしていてもぬれる。道路が川のようになる。側溝や下水、小さな川があふれ、小規模の崖崩れが始まる。
激しい雨	30以上〜 50未満	バケツをひっくり返したように降る。	山崩れ・崖崩れが起きやすくなり、危険地帯では避難が必要。都市部では下水管から雨水があふれる。
非常に激しい雨	50以上〜 80未満	滝のように降る。	傘はまったく役に立たない。都市部で地下街に雨水が流れこむ場合がある。マンホールから水が噴出。土石流などが起こりやすい。多くの災害が発生。
猛烈な雨	80以上	息苦しくなる圧迫感。恐怖を感じる。	雨による大規模な災害の発生するおそれが強く、厳重な警戒が必要。

表2-1 雨の強さを表す指標 （気象庁資料を要約）

こで、「1時間に20mm」と言っているのは、降ってくる雨水を底の平らな容器に1時間ためたとき、水深が20mmになるという意味です。短時間に集中して降る雨の指標として、このような1時間当たりの雨量がよく使われます。

　気象庁の「雨の強さを表す指標」を見てみましょう（表2-1）。これによると、夕立などでよく経験する「土砂降りの雨」は、1時間に20mmくらいの雨量です。また、30mm以上では「バケツをひっくり返したような」と表現されていますので、まれに体験する激しい雨のイメージです。

　50mm以上は、多くの場合に災害が起こるレベルで、「滝のような」雨となります。もはや傘をさしてもまったく役に

たちません。さらに80mm以上では、「恐怖を感じる」となっていますが、それがどのような感じなのかは、実際体験した人でないとわかりません。過去の「集中豪雨」とよばれる短時間の集中した雨では、1時間の雨量が100mmを超えるものも記録されています。

　災害をもたらす1時間に50mmの雨というのは、5cmの水がたまる雨量です。そう聞くとたいしたことがないように感じるかもしれません。しかし体積で考えれば、たった1m四方の土地に50Lの水です。さらに10m四方ならば5000L（5m^3）──ドラム缶（200L）25本分──となります。10km四方で考えると、1時間の雨量は、$0.05m × 1万m × 1万m = 500万m^3$となります。東京ドームの体積が120万m^{3}くらいですから、東京ドーム4杯分もの水量です。この水が低い土地へ流れれば、あっと言う間に水害の発生です。

　このような激しい雨では、山間地であれば、大量の水を含んだ山での崖崩れ、土砂が押し流されての土石流など、土砂災害が起こります。

　また都市部では、地表がコンクリートやアスファルトに覆われているため、水は下水道や水路にすべて流れこみますが、この水が大きな川や海へと放水されるスピードには限界があります。50mm以上、80mm以上といった激しい雨が降った場合、放水のスピードが追いつかず、あふれて道路や住宅、地下街に浸水する「都市型水害」のケースが増えてきています。自治体などでは、地下に一時的に水をためる巨大な貯水施設をつくったりするなど、対策を講じています。しかし、都市部での激しい雨は近年増加しており、対策が追いついていません。

🔍 生きもののような積乱雲の一生

　激しい雨をもたらす積乱雲1個は、**降水セル**ともよばれます。セル（cell）というのは、生物学で言うところの「細胞」です。細胞はたくさん集まると組織（たとえば心臓の筋肉）や器官（たとえば心臓）になります。降水セルも、まるで生物の細胞のように組織化されることがあります。すると、降水セル1個よりも長い時間、広い範囲に激しい雨をもたらすようになります。

　これから、降水セル1個の一生について知り、そのあと、多数の降水セルの組織化について見ていくことにしましょう。

　積乱雲の発生から消滅までは、大きく分けて3つの段階があります（図2-13）。まず、❶の成長期では、上昇気流によって積雲が成長していきます。雲頂が高くなると、氷晶が生じるようになり、降水粒子ができ始めますが、雨はまだ降っていません。

　❷の成熟期では、氷晶が大きくなって落下しながら雪やあられに成長し、これが融けて雨となります。この過程は「冷たい雨」として解説しました。特に上昇気流が激しい場合、あられがなかなか落ちてこず、5 mm以上の氷の粒であるひょうにまで成長することもあります。ひょうは融けずに降ってくることもありますが、多くの場合、融けながら落ちてきて大きな雨粒となります。

　積乱雲の成熟期には、雷が発生します。というのは、雲の中であられと氷晶が衝突するとき、それぞれが電気を帯びるからです。この現象は摩擦電気と似ていますが、摩擦電気で

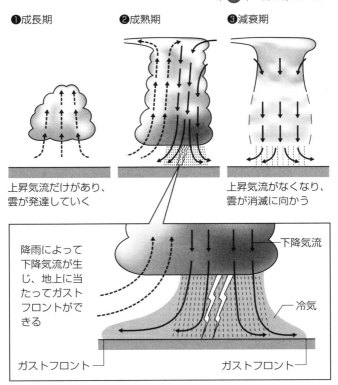

図2-13 積乱雲の一生

は電子が物体から物体へ移動して生じるのに対し、この場合は水分子H_2Oの一部が電離してできたH^+イオンやOH^-イオンが移動します。帯電した小さな氷晶は上昇気流で上のほうに運ばれますが、帯電した大きなあられは下のほうに落ちていきます。結果として、プラスとマイナスの電気を帯びた粒

子が、雲の中の別々の部分に分かれていきます。

このようにして、プラスとマイナスの電気が別々の場所に蓄積し、蓄積した電気は、雲の内部や雲どうし、雲と地上の間に流れ、この電流が雷の稲妻となるわけです。

また雷鳴は、本来電流の流れにくい空気中を無理に電流が流れるときの衝撃音です。稲妻の電流が流れるのは0.1秒以下の短い時間ですが、雷鳴は「バリッ」と短いものだけでなく、「ゴロゴロゴロ」と長く聞こえるものもあるのが不思議です。音が地面や建物で反響しながら届くことも理由のひとつですが、それ以外に、長く伸びる稲妻の経路のさまざまなところから音が出ることにもよります。つまり、稲妻の一方の端が観測者から3km、もう片方の端が4km離れていれば、距離が異なるため、観測者に音が到着する時間に差が生じます。音速は秒速340mくらいですから、1kmの距離差では到着に約3秒の時間差があり、雷鳴は3秒に引き延ばされて「ゴロゴロゴロ」と聞こえるわけです。

さて、成熟期で重要なのは、降水粒子の落下によって周囲の空気が冷やされながら引きずり下ろされ、冷たい下降気流を生み出すことです。つまり、激しく雨の降り始めた積乱雲には、雲を発達させる上昇気流があるだけでなく、別の部分には、冷たい下降気流ができています。そして、冷たい下降気流は積乱雲の下の地表に当たって向きを変え、水平に進み始めます。この水平方向の気流が、その外側の空気とぶつかる部分を**ガストフロント**といいます。**ガスト**（gust＝突風）は、風の急激な乱れを意味する言葉です。

また、積乱雲から下降する空気は、雨滴からの水の蒸発により熱を奪われて冷やされ、重たいかたまりとなって落下す

るように地表に到達することがあり、**ダウンバースト**とよばれます。ダウンバーストはきわめて強い下降気流です。航空機が積乱雲の下を飛ぶとき、ダウンバーストによる墜落の危険がともなうため、空港では、気象レーダーで積乱雲の観測を行って警戒しています。また、ダウンバーストが地表に当たってから水平方向に向きを変えた強い突風は、樹木や住宅をなぎ倒すなどの被害を与えます。

　積乱雲による降雨の領域が広がって激しくなるとともに、下降気流は強くなり、上昇気流を打ち消すようになってきます。このため、積乱雲が成熟期にあるのは15〜30分ほどです。次に❸の減衰期に入り、弱い雨とともに下降気流だけになって、積乱雲は消滅に向かいます。

　積乱雲は、最も発達したときに、その成長とは相反する下降気流が生じるために衰弱へ向かうとも言えます。下降気流は積乱雲の寿命を縮めるのです。しかしその一方で、この下降気流は、注目すべき役割も果たします。図2‐14のよう

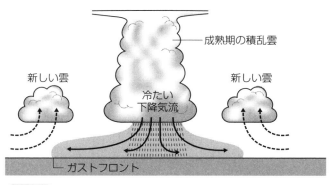

図2-14 ガストフロントによる新たな降水セルの発生

に、冷たい下降気流によって生じたガストフロントは、もともと地表にあった暖かい空気を下から押し上げ、新たな上昇気流を発生させるのです。また、別の雲のガストフロントと衝突して上昇気流となる場合もあります。このようなことをきっかけにして新たな積雲が発生し、積乱雲へと成長することがあります。そしてその新たな積乱雲によるガストフロントが、さらに新たな積乱雲を発生させたりもします。

　このようにして、ある積乱雲から「子」や「孫」の積乱雲が近辺に発生し、成長期、成熟期、減衰期の積乱雲が混ざった集団となったものを**気団性雷雨**といいます。夏の夕立などの雷雨は、多くの場合このような気団性雷雨です。

🔍 自己組織化される積乱雲の群れ

「自己組織化」という言葉があります。美しい雪の結晶ができるとき、誰かがその設計図を描いて指示しているわけではありません。それにもかかわらず、水分子が「自己」のもつ性質——酸素原子に結びつく2つの水素原子の角度や電荷の偏りなど——をもとにして、自然と規則正しく結びつき、六角形を基本とするいろいろな結晶の形が「組織」されていきます。積乱雲も、成熟するとガストフロントが新たな雲を発生させるという性質がもとになり、他から指示されて動いているわけではないのに、整然と自己組織化されることがあります。

　組織化された積乱雲にはいくつかの形態があります。初め

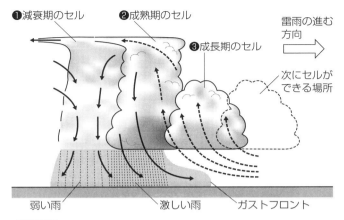

❶減衰期のセル　　❷成熟期のセル

❸成長期のセル

雷雨の進む
方向

次にセルが
できる場所

弱い雨　　　　　激しい雨　　　　ガストフロント

図2-15 マルチセル型雷雨の構造

に**マルチセル**（multi = 多重）とよばれるものを見てみましょう。図2-15はマルチセルの構造の一例です。組織化されていない気団性雷雨では、新たな降水セルは、周囲のどこかに偶発的に発生しますが、マルチセル型の雷雨では、新たな降水セルは決まった場所に発生します。図では、成熟期のセル❷の左側に減衰期のセル❶があるとき、ガストフロントはその反対側である右側に生じています。このガストフロントの上空には、新たな成長期のセル❸ができます。このようにして、3つの段階の降水セルが順序よく並びます。成長期のセルが成熟期の段階に進むと、そのさらに右側に新しい成長期のセルが発生します。また、左端の減衰期のセルは消滅していきます。結果として、このセルの集団は、内部では世代交代をくり返しながら、全体として右側に進んでいきます。1個1個のセルの寿命が短くても、新たなセルを常に発生さ

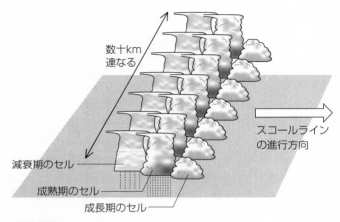

数十km
連なる

スコールライン
の進行方向

減衰期のセル

成熟期のセル

成長期のセル

図2-16 スコールラインの構造

せて世代交代しながら、集団として長い寿命をもつようにな
るのです。このようなマルチセルの構造は、日本でもよく発
生し、数時間続く激しい雷雨となります。

　次に、図2-15の手前や奥の方向に、同じマルチセルの構
造がずらっと並んだようすを想像してみてください。マルチ
セルのような自己組織化された構造がさらに大きくなるに
は、そのような方向に伸びるのがいちばん効率を損ないませ
ん。図の右や左の方向に集団が増えると、3つの段階の順序
よく組織化された構造が崩れてしまうからです。

　このため、セルの集団がさらに大きくなるときには、決ま
った1つの方向——つまり線状に長く伸びていきやすいこと
が予想できます。実際に、長く数十kmにわたる線状（ライ
ン状）に組織化された雷雨はよく発生します。そのような雷
雨のうち、進行方向がラインとは直角の方向に速い速度で移

上空の風に流される
雲頂のかなとこ雲

活発な
積乱雲

活発な積乱雲

画像：NASA、1984年4月フロリダ半島付近

図2-17　線状に組織化された積乱雲の集団の例

動するものを**スコールライン**といいます（図2-16）。この場合、進行速度が速いため、ある地域に雨が降る時間は短時間です。雷や竜巻などの突風をともなう激しい雷雨となる場合もあります。しかし、降雨量という点では、1ヵ所に災害をもたらすほど多量の雨を降らせることはあまり考えられません。

危険な降水をもたらすバックビルディング型

スコールラインのように、線状に組織化されたセルによる降水帯を**線状降水帯**といいます。線状降水帯をもたらす組織化されたセルには、降雨量という点で危険な災害をもたらすタイプのものがあります。それは、下層に湿った強い気流があり、上空にセルを押し流す風のあるもとで起こり、そのひとつは、**バックビルディング型**といいます（図2-18）。

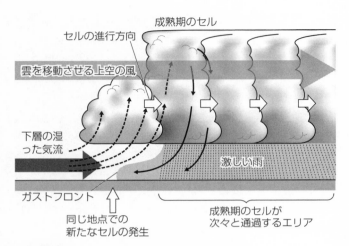

成熟期のセル

セルの進行方向

雲を移動させる上空の風

下層の湿った気流

激しい雨

ガストフロント

同じ地点での
新たなセルの発生

成熟期のセルが
次々と通過するエリア

図2-18 バックビルディング型

　バックビルディング型の組織化されたセルの構造ができるためには、図に示すように、下層の湿った気流、同じ地点での新たなセルの発生、雲を移動させる上空の風、などが必要と考えられています。

　下層の湿った気流が同じ地点で上昇するには、何かのきっかけが必要です。たとえば、山地や島の存在がかかわったり、気流が狭い範囲で収束したり、単独でできた積乱雲のガストフロントがかかわったりしていると考えられます。また、いったんバックビルディング型の構造ができあがると、図2-18のように、ガストフロントが同じ場所にできやすくなり、同じ場所での湿った気流の上昇が継続しやすいとも考えられます。

　湿った気流がセルの列に直角に入る場合もあり、その場合

（a）バックビルディング型　　（b）バックアンドサイド
　　　　　　　　　　　　　　　　　ビルディング型

図2-19 気流の向きの異なる２つのタイプ

は**バックアンドサイドビルディング型**とよばれます（図2‐19）。湿った下層の気流や雲を移動させる上空の風の存在が必要であることなどは同じです。気流の上昇のきっかけは、暖気と寒気の境界面である前線面（第5章で解説）がかかわっている例が見られます。線状降水帯をもたらす活発な積乱雲の組織化については、研究者によるくわしい解明が進められています。

　線状降水帯など激しい雨をもたらす雲のかたまりを気象衛星などの画像で見たとき、活発に積乱雲の発生する場所がとがった「にんじん」の先になったような形をしていることがあります。図2‐17の国際宇宙ステーションから見た雲の写真も、にんじん形になっていますが、これは、線状に組織化された活発な積乱雲がくっきり見え、その雲頂のかなとこ雲も発達して、巻雲が対流圏高層で末広がりになったようすです。線状降水帯が発生しているとき、しばしば上空から見られる雲の形でもあります。かつてテーパリングクラウド

（tapering＝先が細い）とよばれていた時期があり、この名称は本書の初版の出版の時期には盛んに使われていたものの、その後、気象用語として使われなくなりました。

🔍 強い竜巻を発生させるスーパーセル

　日本での発生は少ないのですが、**スーパーセル**とよばれる特殊な積乱雲があります。これは、豪雨だけでなく、強力な竜巻を発生させます。スーパーセルは、マルチセルと異なり単一の積乱雲であり、図2-20のように1つの雲の中に上昇気流だけ起こる場所と下降気流だけ起こる場所が分かれています。上昇気流の領域の中で育った氷の粒は、下降気流の領域に落ち、上昇気流の領域から離脱することによって、降水粒子となります。このような構造のため、降水によって上昇気流が弱められることがありません。

　スーパーセルは、普通の積乱雲よりも寿命が長くて数時間持続し、また上昇気流も下降気流もいちだんと強力です。このような構造ができるためには、地上と上空で大きく風向きや風速が異なることが必要です。

　おもしろいことに、乾燥した空気が雲の中に流入することも発生の鍵であるといわれています。乾燥した空気の中を降水粒子が落下すると、降水粒子の表面から水が盛んに蒸発することで熱を奪って冷え、周囲の空気が冷たくなるため、下降気流が強力になります。生じた強いガストフロントが上昇気流が起こるのを助けるという、見事な構造ができるのです。

　図の右側の領域では、雲の中で氷晶が大きく成長してできたひょうが、上昇気流の領域に落下して再度もち上げられま

(a) スーパーセルの構造

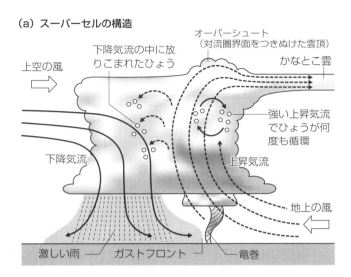

(b) スーパーセルの外観

図2-20 スーパーセル

す。すると何度も同じ雲の中を循環し、次第に大きなサイズに成長します。高度によってひょうに小さな氷の粒がくっついたり、過冷却水滴の雲粒が凍り付いたりと、成長の仕方が周期的に変わります。このため、大きなひょうの断面には年輪のような構造が見られます。年輪の数で雲の中を何周したかが推測できるのです。スーパーセルは、大きなひょうを降らせることも特徴です。上昇気流の中でできたさまざまなサイズのひょうは、循環途中で図の左側の下降気流領域の中に放りこまれることもあり、それが融けて地上に落ちることで雨滴になります。

　さらに、スーパーセルは、強力な上昇気流によって、竜巻を発生させる雲として知られています。竜巻は渦巻く強力な上昇気流です。上昇気流の速さは秒速50〜100mにもなります。渦の半径は数mから数百mのものまであります。

　巨大な竜巻として有名なのは北アメリカ大陸のトルネードです。強いトルネードの渦の中では、風速が秒速100m以上にもなります。平均的な台風による暴風は平均風速が秒速25m程度ですから、普通体験する風をはるかに超えた力強さで地上のほとんどの建造物を破壊します。アメリカでは、たった16時間の間に100個以上ものトルネードが発生し、死者300人以上を出したこともあります（1974年）。

　日本でも平均で年間17個ほどの竜巻が発生し、家屋を壊すなどの被害がありますが、比較的規模の小さいものです。日本ではスーパーセルの発生はまれで、マルチセルなどの積乱雲によって竜巻が発生しているといわれています。しかし、まれに強い竜巻が発生した場合、スーパーセルによる可能性が指摘されることがあります。

豪雨はどのようなときに発生するか

 大気の「安定」と「不安定」

　積雲は、発達しないで消滅することもあれば、発達して積乱雲になることもあります。何によってその可否が決まるのでしょうか？　この章の最後に、どのような条件のときに積乱雲が発達して豪雨になるのかを考えましょう。

　夏の強い日射のとき、地面付近の空気が強く温められて対流が生じ、しばしば積乱雲になって午後の夕立をもたらします。しかし、同じように日射が強くても夕立にならない日もあります。日射の強さは積雲の発達の可否を決めるひとつの要因ではありますが、他にも何かありそうです。

　その答えは、天気予報の解説で雷雨が予想されるときに気象予報士が使う「大気が不安定」という言葉の中にあります。大気が不安定になっていると、激しい対流が起こって積乱雲が発達しやすいのです。逆に安定した大気では、対流雲は発達しません。大気の安定・不安定とは何かを理解するため、ここである思考実験をしてみましょう（図2-21）。

　温められて上昇する空気の泡をサーマルとよびますが、ここでは温められているかどうかに関係なく、空気のかたまりを機械的に上昇させてみます。地表付近の空気を重さのない薄い膜でつつんだ大きなビーチボールのようなかたまりを仮想し、これを**気塊**とよぶことにします。薄い膜は伸縮自在で、外部の大気圧と内部の空気の気圧が等しくなるように伸びたり縮んだりするものとします。

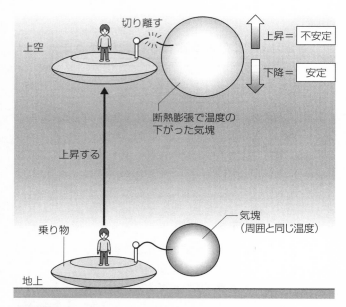

図2-21 気塊をもち上げる思考実験

　私たちは、ある特別な乗り物にのって、まわりの大気にいっさい影響を与えずに、対流圏を上ったり下りたりします。乗り物には、地上付近の空気からなる気塊がつながれています。初め、気塊と周囲の大気の温度は同じです。

　乗り物で上空へこの気塊を運び、その変化を観察します。すると、上空ほど気圧が低いので気塊は膨張して大きくなり、第1章で解説した断熱膨張によって温度が下がります。

　気塊の温度が周囲の大気よりも低くなった場合、重いので乗り物から気塊を切り離せば自然に落下していきます。逆に、気塊の温度のほうが高くなった場合、軽いため勝手に上

昇していきます。このように、ある高さまで気塊をもち上げたとき、勝手に上昇を始めるような大気の状態が**不安定**です。逆に、落下していくときは**安定**です。不安定な大気では、気塊を少しもち上げるだけで、鉛直方向の力のバランスが崩れ、上昇気流が止まらなくなります。この上昇気流は、しばしば対流圏界面まで達します。バランスが崩れやすい状態であることから、「不安定」とよばれるのです。

さて、これだけの説明ではまだ、なぜ気塊と周囲の大気の温度が食い違うのか、理解できません。数字を出して、もっと具体的に考えてみましょう。平均的な対流圏の大気として、1km上昇すると空気の温度が6.5℃低くなっている状態を考えます。これは、第1章で対流圏の温度分布を表す「気温減率」として出した数字と同じです。

また、断熱膨張による気塊の温度低下がどれだけであるかも知っておかなければなりません。気塊が乾燥している場合、つまり飽和していない場合、断熱膨張により温度が下がる割合は、1km上昇するごとにおよそ10℃です。この割合を乾燥断熱減率ということは、第1章でも述べました。

地上での大気の温度が20℃で乾燥しているとき、気塊を1kmの上空までもち上げます。すると、気塊は膨張して直径が大きくなると同時に、温度は乾燥断熱減率にしたがい10℃下がって10℃になります。このとき周囲の大気は地上より6.5℃低い13.5℃です。

	地上		1km 上空
乾燥した気塊の温度	20℃	乾燥断熱減率 10℃ /km →	10℃
大気の温度	20℃	大気の気温減率 6.5℃ /km →	13.5℃

気塊のほうが周囲の大気より温度が低いので、重く、乗り物から気塊を切り離せば自然に落下して、もとの地表付近へ戻っていきます。つまりこのような平均的な大気は安定していると考えることができます。

　ところが、同じように 1 km 上昇すると空気の温度が6.5℃低くなっている大気でも、地表付近の空気が湿っている場合は結果が異なります。飽和した気塊を上空へもち上げれば、気塊が白く変化するのが観察されます。これは雲粒が発生したということです。また、理由はこれから述べますが、気塊を切り離すと勝手に上昇していくことになります。つまり大気は不安定です。

　雲粒が発生するような条件では、なぜこのような結果の違いが起こるのでしょうか。この違いを理解するためには、水蒸気のもつ潜んだ熱について知る必要があります。

🔍 水蒸気のもつ潜熱とは何か？

　物質は、固体、液体、気体の間を状態変化するときに熱を放出したり吸収したりします。水の場合に、このようすをまとめたのが図2-22です。周囲へ放出される熱は、凝結熱、凝固熱、昇華熱（昇華凝結熱）とよばれ、周囲から奪う熱は、蒸発熱（気化熱）、融解熱、昇華熱（昇華蒸発熱）とよばれます。また、これらの熱は状態変化が起こらないときには現れないので、いずれも、潜んでいる熱──**潜熱**とよばれます。

　ここでは、液体の水と水蒸気の間の変化に注目します。分子間の間隔が短い液体は、分子どうしが引き合う力が強くはたらいていますが、この力を振り切って分子がバラバラに飛

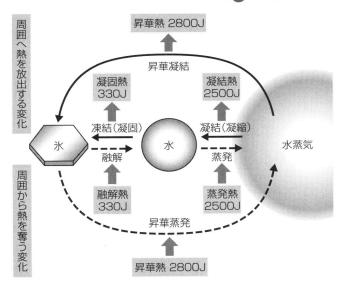

図2-22 水の三態変化と 1 g 当たりに出入りする熱量

び回る気体になるにはエネルギーが必要です。そのため、水
が水蒸気に変わるときには、周囲から熱（エネルギー）を奪
います。これを「蒸発熱の吸収」といいます。逆に、水蒸気
から水に変わるときは、熱を放出し、「凝結熱の放出」とい
います。凝結熱の放出は「水蒸気のもつ潜熱の放出」と表現
されることもよくあり、本書でもこの言葉をたびたび使いま
す。

　水蒸気が液体の水に変わるとき、 1 g当たり放出される潜
熱は2500ジュール（J）にもなります。水 1 gに 1 ジュール
の熱を与えると0.24℃温度が上昇しますから、これは信じら
れないほど大きな熱です。水100gを 6 ℃上昇させるだけの

熱が水蒸気1gから生じるのです。

　逆方向の状態変化にともなう蒸発熱も同じ大きさです。水1gが蒸発するには、2500ジュールの熱を周囲から奪う必要があり、水100gを6℃低下させうるだけの熱の吸収になります。濡れた肌が乾くときにすーっと冷たく感じたり、打ち水をすると地面の温度が下がるのは、このようにして蒸発熱が奪われるためです。

湿った空気があると不安定になる

　さて、湿った空気が不安定である原因の話に戻りましょう。飽和した空気が断熱膨張すると、水蒸気が凝結するときに潜熱を放出するため、乾燥した空気の場合とは温度変化が異なってきます。つまり、断熱膨張による温度低下と、凝結による潜熱の放出が相殺し、結果としての温度低下は、乾燥断熱減率の10℃/kmよりもだいぶ小さくなります。

　このように、飽和した空気が断熱膨張するときに現れる温度低下の割合を**湿潤断熱減率**といい、空気の温度が5～20℃の場合、4～6℃/kmという値です。

　ただしつけ加えておくと、湿潤断熱減率は、上空へいくほど——温度が低いほど、乾燥断熱減率に少しずつ近づいていきます。これは、温度が低いほど飽和している水蒸気の絶対量が少なく、発生する凝結熱も小さいためです。ここでは、話を簡単にするため、湿潤断熱減率は一定であると考えることにします。

　さて、最初の思考実験（図2-21）に戻って、飽和した気塊を1kmの上空へ運んでみましょう。地上での温度は20℃とします。乗り物が上昇すると飽和した気塊にはすぐに凝

結が起こって雲粒ができ、白く見えるようになります。湿潤
断熱減率が5℃/kmであるとすれば、1kmに達したときに
気塊の温度は15℃です。このとき周囲の大気は地上より6.5
℃低い13.5℃です。

	地上		1km上空
飽和した気塊の温度	20℃	湿潤断熱減率 5℃/km →	15℃
大気の温度	20℃	大気の気温減率 6.5℃/km →	13.5℃

　気塊のほうが周囲の大気より温度が高いので、軽く、乗り
物から気塊を切り離せば、自然に上昇していきます。気塊が
2kmの高さに達したときは、気塊の温度はさらに5℃下が
って、10℃ですが、周囲の大気は7℃です。気塊はさらに
上昇します。このような大気は「不安定」と言うことができ
ます。

　乾いた空気であれば安定しているはずの大気でも、湿って
飽和した空気では不安定になることがわかりました。このよ
うに、「仮に飽和していれば……」という条件を付したとき
に不安定となる大気を**条件付き不安定**であるといいます。平
均的な大気で考えてきたように、実際の大気も条件付き不安
定になることが多く、下層に湿った空気があると不安定にな
ります。

　飽和した空気があっても不安定にならない大気も考えられ
ます。図1-19で考えた上昇気流が起こらない「仮想大気」
（等温大気、気温減率0）がその例です。また気温減率が0
でなくても、湿潤断熱減率と同じかそれより小さい場合は、
飽和した空気があっても大気は安定したままです。

「下層の湿った空気」と「上空の寒気」で不安定に

　大気の安定・不安定が決まるには、下層の空気が湿っているかどうかだけでなく、もうひとつの要因があります。平均的な大気の気温減率は6.5℃/kmであると考えましたが、このような平均とは違った気温減率である場合です。平均よりも上空で温度が低くなっている場合、「**上空の寒気**」と表現されます。上空の温度が平均的な大気よりも低ければ、下層から上昇した気塊の温度のほうが高くなる可能性があります。つまり、上空の寒気により、大気は不安定になります。

　夏、上空に寒気が入ってきたときには、積乱雲が発達しやすく、夕立になります。また、南の海上から湿った南風が大気の下層に入ってきたときにも大気は不安定になり、積乱雲が発達します。

　このような大気の不安定は、夏に限ったことではなく、「上空の寒気」、「下層の湿った空気」という条件になったときに生じます。冬、日本海には、大陸から日本列島のほうに向かって冷たい風が吹き渡ります。日本海の暖流からの蒸発が盛んなため、下層の空気が湿って不安定な大気の状態になります。この状態で日本海の上空に寒気が入ると、大気がさらに不安定になり、積乱雲が発達します。このとき、太平洋側で生活している人には想像しにくいですが、雷をとどろかせながら激しく雪が降ります。この話題は、季節風とよばれる風と関連が深いので、第4章の「風のしくみ」でもう一度取り上げることにしましょう。

第3章

気温のしくみ

3-1

大気を温める「放射」を知る

🔍 地球からの赤外線の放射

　日本の気象衛星「ひまわり」は、地球の自転にぴったり合わせたスピードで地球の周囲を回っています。このため、常に日本の真南、赤道の上空約3万6000kmに静止しているように見え、静止衛星とよばれます。

　図3-1に気象衛星によって得られた雲画像の例を示しました。時間帯は夜です。もし同じ時刻に宇宙から人の目で見れば、都会のビルの明かりや街路灯の明かりが点々と光るようすから、日本列島の形こそ浮かび上がりますが、雲を見ることはできません。では、この雲画像は光ではない何を見たものなのか？――それは「赤外線」とよばれる一種の「見え

画像：気象庁　　2010年11月19日20時

図3-1 気象衛星「ひまわり」の赤外画像

ない光」です。太陽からの目に見える光が地球を照らしているのとは異なり、この赤外線は、不思議なことに地球の大気や地表自身が発して（放射して）います。この地球の発する赤外線は**地球放射**とよばれます。気象衛星は、地球放射を観測しているのです。

　地球放射について知ることは、日々の気温の上昇と下降がどうやって起こるかの理解に欠かせません。また、今日の世界の課題である「地球温暖化」を理解する上でも、ポイントとなる考え方を与えてくれます。これから、太陽によって地球がどのように温まるかをていねいに見ていく中で、赤外線や地球放射について知り、その知識をもとに、気温に関係したいくつかの現象のしくみや、気象衛星の雲画像の見方について明らかにしていきましょう。

太陽からの熱はどうやって地球の大気に伝わるか

　地球の大気を温めるエネルギーの源は、太陽です。太陽は内部で起こる核融合反応のため、5500℃という高い表面温度になっています。この太陽の熱が地球にまで届き、それによって大気は温まり、エネルギーを得て対流などの運動をします。

　太陽は地球から1億5000万kmもはなれたところにあり、その途中の宇宙空間はほぼ真空で、熱を伝える物質がありません。熱の伝わり方には、伝導、対流、放射の3つがありますが、宇宙空間を伝わってくる太陽の熱を理解するには、日常感覚ではとらえにくい面のある「放射」から話を始める必要があります。

　放射は、「光のようにして」空間を伝わる熱の伝わり方で

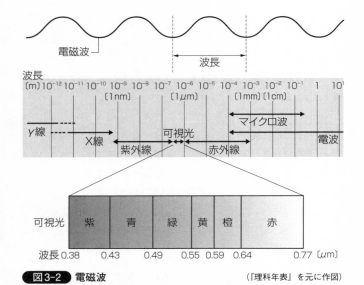

図3-2 電磁波　　　　　　　　　　　　　　　　（『理科年表』を元に作図）

　す。太陽の光が地球に届いて吸収されれば、地球は温まります。ですから、光も放射の一種です。しかし、放射のもっと正確な理解のためには、光というものをいろいろな「電磁波」が混合したものとして拡張して考える必要があります。

　電磁波は、磁場と電場が振動しながら真空中や物質中をまっすぐ進んでいく現象です。電磁波が真空中を進む速さは秒速約30万kmで、「光速」とよばれている速さです。透明な物質の中を進むときは、少し遅くなり、水の中では秒速約22.6万kmです。

　電磁波が1回振動するのに進む距離を波長といいます。電磁波にはいろいろな波長のものがあり、波長によって性質が異なります（図3‑2）。波長が0.38〜0.77μmの電磁波は私

106

たちの目の網膜の感覚細胞によって感じとることができ、**可視光**といいます。普通、単に光とよぶのは、可視光のことです。

　波長が少しずつ異なる可視光は、私たちにとって少しずつ異なる色として見えます。太陽光をガラスのプリズムで分けると虹色が見えます。これは、太陽光にはいろいろな波長の可視光が含まれており、波長の異なる可視光はガラスで屈折する角度が少しずつ異なるためです。雨上がりの空にかかる虹の色は、まだ空中に残る落下中の水滴（雨粒）がプリズムの役割をして、水滴内に入りこんで出ていく太陽光を、異なる角度で屈折させるために見えます。

　また、緑、赤、青の可視光が合わさると、ほぼ白い光として感じられ、この3色は光の三原色といいます。ただし、このような色の感じ方はヒトの目と脳のはたらきであり、光そのものに色があるわけではありません。緑、赤、青の三原色は、3種類の目の感覚細胞が感じとることのできる光の波長に対応しており、光そのものには、ただ波長の違いがあるだけです。

　太陽光には可視光が多く含まれていますが、それ以外の波長の電磁波も含まれています。ですから、太陽から出てくる電磁波を単に光とよぶのでは不十分です。そこで、太陽から放射される電磁波全体を**太陽放射**とよんでいます。

　図3-3は、太陽放射に含まれる電磁波が、波長ごとにどのような強度になっているかを大まかに示したものです。可視光の波長領域を中心に強度が強くなっていますが、可視光以外の波長領域も含まれていることがわかります。可視光よりも少し短い波長の領域にあるのは紫外線で、肌を日焼けさ

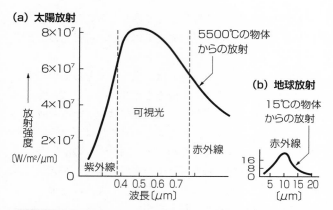

図3-3 太陽放射と地球放射　温度5500℃と15℃の物体が出す放射の分布。太陽放射と地球放射はこれとだいたい一致する　（『最新気象百科』の資料を改変）

せる成分として知られています。紫外線の中でも特に波長の短いものは、細胞の遺伝子を破壊するなど生物に害を与えます。地球大気には、この有害な紫外線を吸収するオゾン層があり、そのおかげで私たち生物は地表で生活することができます。オゾン層のある成層圏は、紫外線のエネルギーを吸収することで熱せられます。上層ほど紫外線は強いため、第1章でふれたように、成層圏では高度が高くなるほど、空気の温度が高くなっています。

　可視光より少し長い波長の電磁波は赤外線、さらに長い電磁波は遠赤外線といいます。赤外線は、テレビなどのリモコンに利用されているので、それが目に見えないことは実感しているでしょう。また、遠赤外線は、暖房器具の製品において熱を伝える性能をうたう言葉として耳にしますから、熱と関係した電磁波であることが想像されますが、遠赤外線だけ

が熱に関係した電磁波というわけではありません。本書では記述を簡単にするため、赤外線と遠赤外線を区別せず、これらの0.77～1000μm領域の電磁波を合わせて単に赤外線とよぶことにします。大気の温まり方や地表の温度の決まり方を考える上で、放射の中でもこの赤外線の知識が重要です。

温度が低いと放射の波長が長くなる

　太陽光は、全体としてやや黄色がかった白色に見えます。同じ星でも、表面温度が太陽の5500℃よりももっと高い1万1000℃のオリオン座のリゲルという恒星は、青白く見えます。また同じ星座で、3200℃のベテルギウスという恒星は赤く見えます。温度と星の色には関係があることが想像できますが、実際にそのとおりです。また、鉄を熱して真っ赤になっている映像を見たことがあると思います。さらに温度を上げると鉄の発する光は、赤から黄色へと変化していきます。

　物体の温度とそこから出る電磁波の波長には、明確な関係があり、温度が高いほど波長の短い電磁波が放射され、温度が低いほど波長の長い電磁波が放射されます。これを**ウィーンの法則**といいます。このため、温度によって発する色が変わるのです。

　さて、この法則に基づく放射が起こるのは、太陽のような高い温度の物体からだけではありません。私たちの体は30℃台の温度ですが、このような温度では、赤外線を中心とした放射が起こっています。赤外線の波長域をとらえる赤外線カメラで人体を見ると、体の部分ごとの温度の違いを目で見えるような画像にできます。テレビの科学番組などで見たこと

がある人もいるでしょう。人体だけではありません。驚くべきことに、身のまわりのすべての物質から、それぞれの温度に応じた波長の赤外線が出ています。地面から、海面から、空の上の雲から、さらに目には見えない大気からも赤外線は放射されています。もし私たちが赤外線を「見る」ことができたならば、世界のすべての生物や物体が光り輝いているようすを見ることになるでしょう。このように地球も赤外線を放射しており、これを、地球放射とよぶのです。

　もちろん、地球放射は、放射されるエネルギーの大きさで見ると、太陽放射の足下にも及びません。単位面積あたりから放射されるエネルギーの大きさは、温度が低いほど小さく、温度が高いほど大きくなります。温度（絶対温度）が2倍になると、エネルギーはその4乗つまり16倍になるという関係があり、これを**ステファン-ボルツマンの法則**といいます。

🔍 気象衛星の赤外画像は温度を観測している

　さてここで、冒頭でふれた気象衛星の赤外画像の話にいったん戻りましょう。気象衛星の赤外画像とは、地表や雲の頂上から宇宙へ向かって放射されている、波長が約10〜12μmの赤外線を観測してつくり出す画像です。

　上空の雲は、地表よりも温度が低いため、観測される赤外線の強度（エネルギーの大きさ）に違いが生じます（図3-4）。赤外線の強いところを黒く（色を濃く）、弱いところを白く（色を淡く）画像に表せば、雲が白く、地表が黒く表された画像になります。私たちが赤外画像を見るとき、この白い部分を雲であると考えて見ていますが、実際は宇宙か

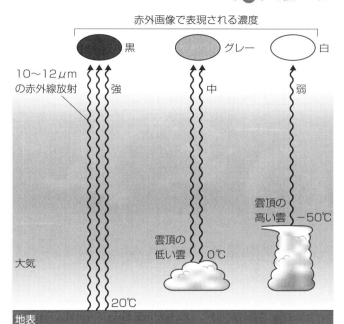

赤外画像で表現される濃度

黒　　　　グレー　　　白

10〜12μm
の赤外線放射　　強　　　　中　　　　弱

雲頂の
高い雲　−50℃

雲頂の
低い雲　0℃

大気

20℃

地表

図3-4　気象衛星の赤外画像の原理

　ら見た地球表面の温度分布を観測しているともいえます。
　同じ気象衛星の雲画像でも、可視光を観測する可視画像では、地表にかかる濃い霧と上空の厚い雲はどちらも白く見えます。これに対して赤外画像では、霧は地表に近いため地表との温度差がなく、ほとんど写りません。ですから、可視画像と赤外画像を見比べると、雲と霧を区別することが可能です。
　また、豪雨をもたらす積乱雲は、赤外画像で特に真っ白な

雲のかたまりとして見えます。発達した積乱雲は、温度の低い対流圏界面にまで達していて雲頂の温度が低くなっていますが、赤外画像ではこの低温の雲頂からの放射を観測しているためです。逆に背の低い雲は、雲頂の温度が比較的高いため、真っ白ではなくグレーに見えます。

一方、同じ気象衛星の雲画像でも、可視画像では、ある程度の厚みのある雲は背が低くても真っ白に見えます。このほかに、気象衛星画像には、大気中の水蒸気をとらえる画像もありますが、それは第7章「天気予報のしくみ」でふれることにしましょう。

赤外線の吸収と放射による温度変化のしくみ

地表や雲を含むすべての物体から、なんらかの放射があることがわかったところで、放射を介して物体の温度が上がったり下がったりすることを身近な例で考えてみます。地球の温まり方や冷え方も同じように考えられるからです。

物体は、自身のもつ熱エネルギー（正確には内部エネルギー）を可視光や赤外線などのエネルギーに変えて放射すると、エネルギーを失って温度が下がります。また、放射された可視光や赤外線などが他の物体に当たると、その物体はエネルギーを吸収して温度が上がります。このようにして、放射は1つの物体から他の物体へエネルギーを運び、一方の物体から他方の物体へと熱を伝えるのです。物理学で言う「熱」とは、温度の高い物体から温度の低い物体へと移動するエネルギーのことをさします。

気温の低い野外でたき火に当たった経験があれば、そのときのようすを思い出してください。炎に顔を向けていると

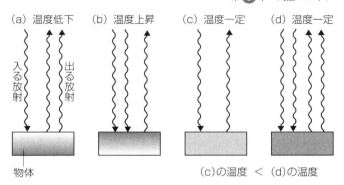

図3-5 放射と吸収のバランスで温度が決まる

き、背中は寒いままでも、顔や体の前面は熱さを感じます。
このとき、あなたとたき火の間に他の人が入りこんで、炎か
らの光を遮ってしまうと、とたんに寒くなったことはないで
しょうか。光が遮られると寒くなるのは、炎からの放射に含
まれる赤外線が間の空気を素通りしてから人の体や顔に当た
り、熱を伝えていることを示しています。

　放射による熱の伝わり方では、注意して考えなくてはいけ
ないことがあります。それは、一見熱を受け取っているだけ
に思える物体——たとえばたき火に当たる体——からも赤外
線の放射があり、この放射によって物体は熱エネルギーを失
っていることです。つまり、物体に入る放射と、物体から出
る放射の双方を考えなくてはならないのです。

　ここで図3-5を見ましょう。（a）では、物体に入る放射
が物体から出る放射よりも小さくなっており、物体の温度は
低下します。（b）では逆に、物体に入る放射が物体から出
る放射よりも大きくなっており、物体の温度は上昇します。

さらに注目しておきたいのは、今述べた両者の中間、つまり温度が変化せず一定になる場合です。図の（c）と（d）では、物体に入る放射と出る放射がちょうど同じ、つまり平衡状態になっています。ただし、（c）と（d）は同じように温度一定とはいっても、出入りする放射の大きい（d）のほうが、物体は高い温度で一定になっています。

このような考察から、放射による熱の伝わり方は、双方向に行き来する放射のバランスによって決まるというイメージができたでしょうか。地球の大気による温まり方を考える上でも、それが大切です。

放射による大気の温められ方

今度は大気の温められ方について放射で考えましょう。

大気は「透明」であるため光を通します。ただし、ここでいう「透明」とは、可視光の波長をもつ電磁波の進行を妨げないという意味です。じつは、大気は、すべての波長の電磁波に対して透明というわけではありません。まず、$0.32\,\mu m$以下の波長をもつ紫外線は成層圏のオゾン層によって遮られ、オゾンに吸収されています。また、多くの波長の赤外線は、水蒸気によく吸収される性質をもつため、大気を素通りせずに吸収されます（図3-6(a)）。

ですから、太陽放射に含まれる一部の赤外線や紫外線は、大気に吸収されて大気を温めるはたらきをします。ただし、地球が受ける太陽放射のエネルギー（雲などによる反射分を除く）のうち、約30％だけが大気に吸収され、残りの約70％は大気を素通りして地表に到達するので、多くは素通りすると考えるほうがよいでしょう。

(a) 太陽放射の吸収

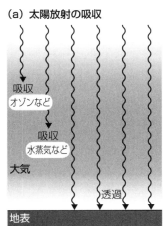

(b) 地表からの放射の吸収

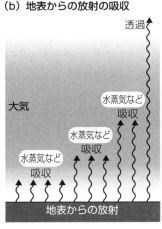

図3-6　大気によって吸収される放射

　地表に到達した太陽放射の大部分は可視光です。これらの太陽放射は、届いた地表が陸地であるか海洋であるかにかかわらず、多くが吸収され、地表を温めます。温められた地表は赤外線の放射を強めます。この放射は、放っておけば宇宙にまで逃げていくので、熱エネルギーを運び去って地表を冷やすはたらきをします。

　じつは、全地表の受け取る太陽放射と出る放射のバランスだけで落ち着く平均温度は、氷点下になることがわかっています。それにもかかわらず地表の平均温度が約15℃に保たれているのは、大気中にある物質が存在するおかげです。

　その物質とは、すでにふれた水蒸気です。地表から放射された赤外線は、大気中の水蒸気に吸収され、大気を温めます（図3-6(b)）。地表に近い部分の大気ほど受け取る放射が多

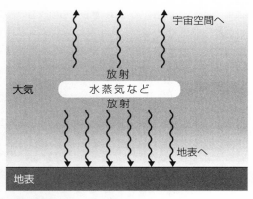

図3-7 大気による放射

いので、下層ほど温度が高くなります。第1章で対流圏の温度分布は上空ほど温度が低いことを解説しましたが、それは地表からの放射で大気が下から温められることが大きな要因なのです。

　ちなみに、同じ赤外線でも、波長が約$10 \sim 12\mu$mのものなどは水蒸気に吸収されず、大気をほぼ素通りして気象衛星のある宇宙空間にまで逃げていきます。赤外線のこの波長域は、同じ赤外線でもその部分だけ大気を通過することから、**大気の窓**とよばれます。気象衛星の赤外画像では、大気の窓の赤外線を観測しているので、雲のないところでは地表からの放射を強い強度で受け取り、黒く表現されます。もしもこれを大気に吸収されやすい波長の赤外線で観測したならば、地表からのものは衛星まで届かず、上空の大気で吸収されてしまうので、地表と上空の雲を区別する画像を得ることはできません。

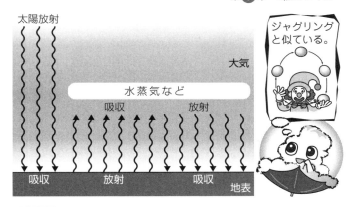

図3-8 大気と地表の間を行き来する放射

　水蒸気のように、ある波長の電磁波を選択してよく吸収する物質は、逆にその波長の電磁波をよく放射する性質もあることが知られており、**キルヒホッフの法則**といいます。これは、地球の温められ方を理解する上で、見落としてはならない現象です。つまり温められた大気は、そこに含まれる水蒸気から赤外線を放射しているのです。この大気からの放射は、一部は宇宙へと向かって逃げていきますが、多くの部分は地表に向かい、地表を再び温めるはたらきをします（図3-7）。宇宙へ逃げるより地表に向かう放射が多い理由は、大気の下層から上方に放射された一部は、再び大気に吸収されてしまうからです。

　地球全体を平均して考えると、大気から地表への放射は、太陽放射が地表に届くエネルギーの2倍もあり、地表を温めるために大きな役割を果たしています（図3-8）。

「2倍？　太陽放射よりも大気からの放射のほうが大きいな

117

んて、何かがおかしい」と感じたかもしれません。それは自然な疑問です。そこで、地表と大気の間で多くのエネルギーをやりとりしているようすを想像するために、赤外線を大道芸で見る「ジャグリング」のボールにたとえるとよいでしょう。2本の腕（地表と大気）で交互にボール（赤外線）を受け取っては放し、空中で循環させます。そこへもう1人がたまにボール（太陽放射）を投げこむと、それを取り入れながらジャグリングが続き、空中にたくさんのボール（放射）が循環します。

このとき腕は、投げこまれたボール（太陽放射）をつかんで放り上げる（放射する）だけでなく、すでに循環しているボールもつかんで放り上げています。ですから、大気や地表の放射は、太陽放射よりも多くなりうるのです。

その結果、地表と大気の双方で放射が強くなりますが、放射が強いことは、地表や大気の温度が高い状態であることを表しています。

このようにして大気や地表の温度が高く保たれることを、**温室効果**といいます。温室効果によって、地表の温度は氷点下にならず、人類や生物にとっての適温に保たれています。温室効果には二酸化炭素やメタンによるものもありますが、それについてはこの節の最後に、地球温暖化の話題として付け加えることにします。

大気中の雲のはたらきにもふれておきましょう。雲は、太陽放射の可視光を反射するはたらきをしますが、雲をつくる水滴は赤外線をよく吸収し、またよく放射する性質があります。たとえば、水蒸気では素通りする約$10 \sim 12\mu$mの「大気の窓」領域の赤外線も、雲では吸収されます。

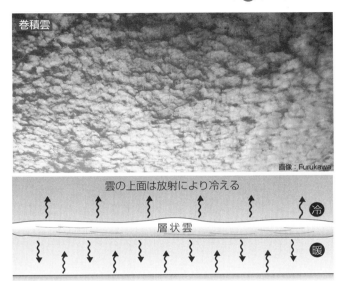

巻積雲

画像：Furukawa

雲の上面は放射により冷える

冷

層状雲

暖

雲の下面は地表や下層大気との放射の行き来により冷えにくい

層内で小さな対流が多数起こる
（ベナール対流）

└── 下降するところで雲が消える

図3-9 放射による「〜積雲」のできかた

　さらに、雲からの放射は、雲に独特な形をとらせる場合があります。というのは、「うろこ雲」とよばれる巻積雲や「羊雲」とよばれる高積雲は、多数の小さな団塊が層状に広がったようすをしていますが、放射による温度低下が関係し

119

ていることがあるのです。層状雲ができると、雲の上面からの赤外線の放射は宇宙へと逃げていくので、温度が下がりがちです（図3-9）。太陽放射があっても、白い雲は可視光のほとんどを反射します。一方、雲の下面からの放射は、地表や下層の水蒸気を多く含む大気との間で赤外線の「ジャグリング」をするので、温度があまり下がりません。結果として層状雲の上面と下面に温度差ができます。すると層状雲の下面が一様に温められたようになり、層内に対流がたくさん生まれ、うろこ状の小さな団塊が多数生まれるというわけです。

　このように、層の両面に一様な温度差をつくったときに、小さな対流がたくさん現れる現象を**ベナール対流**といい、実験室でいつでも再現することができます。1900年にフランスの物理学者ベナールが発見したものです。気象ではよく現れる現象なので、後の章の関連したところでまた紹介することにしましょう。

伝導と対流による大気の温められ方

　放射に比べて、日常体験からもわかりやすいのは、伝導と対流による熱の伝わり方です。

　熱い紅茶に金属のスプーンの先をつけたままにすると、最初冷たかったはずの柄の部分をもったときに、熱くて思わず手を引っこめることがあります。スプーンの先の熱い部分から柄の冷たい部分へと熱が伝わったのです。温度の高い部分から低い部分へと、物質内部を移動する熱の伝わり方を**伝導**といいます。

　伝導をミクロの目で見れば、熱運動──物質をつくる粒子

が周囲と衝突し合いながら小刻みにふるえる運動——の「激しさ」が伝わる現象です。物体の温度の高くなっている部分では、原子や分子がより激しく熱運動しています。隣り合う原子や分子に衝突することで、運動の激しさが少しずつ離れたところへ伝わるのです。

　空気について言うと、固体や液体に比べて伝導が起こりにくい性質です。この性質のため、断熱材には空気のたくさん含まれる発泡スチロールのような素材が使われます。熱伝導率という数字で比較すると、岩石（砂）0.3程度、水0.6程度に対して、空気は0.025程度で1桁小さくなっています。

　ちなみに鉄は気象とは関係ありませんが、原子と原子の間にある自由電子の熱運動があるため、電気だけでなく熱もよく伝え、熱伝導率は80程度もあります。

　日射を吸収して熱くなった地面に直接ふれた空気は温められます。ただし、温められるのは直接地面にふれた空気だけで、空気の熱伝導率の低さのため、さらに隣り合う空気へとはなかなか伝導しません。このため、伝導によって熱せられるのは、空気が動かないと仮定した場合、地表からわずか数十cmという厚さです（図3-10(a)）。

　風が弱く日射の強い夏の日は、地面から数十cmのところの空気の温度は、50℃にもなることがあります。このようなときでも、1.5mの高さで測ればせいぜい30℃台ですから、ほんの1mしか隔たっていないところへも熱はすぐに伝わっていないことがわかります。数十cmの違いが大きな温度の違いになるので、気象観測のとき測る「気温」は、温度計を置く場所を選ばなければなりません。地表から1.5mの高さで、風通しがよく直射日光が当たらない場所に置くと

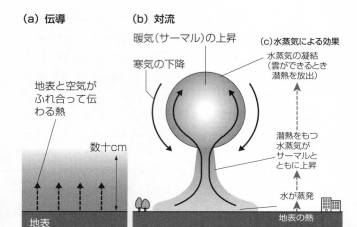

(a) 伝導

地表と空気が
ふれ合って伝
わる熱

数十cm

地表

(b) 対流

暖気（サーマル）の上昇

寒気の下降

(c)水蒸気による効果

水蒸気の凝結
（雲ができるとき
潜熱を放出）

潜熱をもつ
水蒸気が
サーマルと
ともに上昇

水が蒸発

地表の熱

図3-10 熱の伝導と対流による大気の温まり方

国際ルールで決められています。

　実際には、空気はしばらくすると動き始めます。地表から
の熱伝導によって熱せられた空気のかたまりは、浮力を受け
て浮かび上がり、サーマルとなります。上昇したサーマルと
入れ替わるように冷たい空気が下降し、鉛直方向の空気の流
れが起こります（図3-10(b)）。この流れを対流ということ
はすでに述べてきましたが、対流も熱の伝わり方のひとつ
で、物質そのものが動いて熱を運ぶことが特徴です。対流が
起こると、上空の冷たい空気が下りてきて地表に接するの
で、地表から大気への熱の伝導も効率よく進みます。

　このような大気の対流においては、地表の水が水蒸気とな
って蒸発するとき、地表から熱を奪って潜熱を蓄えるという
効果も加わります。対流によって上空に運ばれた水蒸気は、

今度は上空で雲粒になるときに潜熱を放出して大気を温めます（図3‒10(c)）。対流は水蒸気を運ぶことでも、地表から大気へ熱を伝えています。

地球のエネルギー収支

図3‒11は、大気を含む地球全体について、放射によるエネルギーが出入りする全体像を描いたものです。これは地球全体の1年を通した平均像で、地球に届く太陽放射のエネルギーを100として、いろいろなエネルギーの大きさを示してあります。この図から、さまざまなことを読み取ることができます。

まず、宇宙から地球に入ってくるエネルギーは100ですが、出ていくエネルギーは合計でいくつになっているか見てみましょう。すると、31 + 57 + 12 = 100となっており、宇宙から地球に入るエネルギーと出るエネルギーは同じであり、平衡状態になっています。地球が平均的な気温を一定に保っているということは、エネルギーの出入りが平衡状態にあるためである——という考え方が、この図を作成する前提になっています。

太陽放射のエネルギー100のうち31は、白い雲や地表の雪などによって反射されて、宇宙空間へ戻ってしまいます。このようにして宇宙へと反射される太陽放射の割合を**アルベド**といいます。

大気に雲が増えるとアルベドが増加し、地球の気候は寒冷化すると考えられていますが、雲の量がどのような要因によって増減するのかは、まだ十分に明らかにされていません。地球温暖化がどのように進むかを考えるときに論点になると

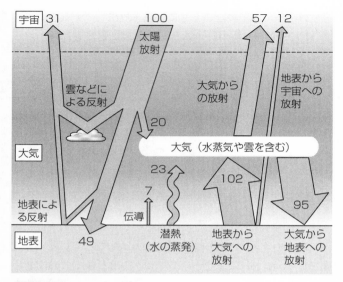

図3-11 地球のエネルギー収支　　　〔〔IPCC資料、2007〕を改変〕

ころです。また、雲の増加だけでなく地表が雪や氷に覆われることによってもアルベドが増加し、寒冷化します。太古の地球では、少しの寒冷化で氷河が増えたためにアルベドが増加し、寒冷化が加速されて赤道まで一気に凍り付く気温低下が起こった歴史があると考えられています。「スノーボールアース」とよばれている現象です。

　アルベドには、大気による**散乱**とよばれる効果も少し含まれています。散乱というのは、一般に、電磁波が粒子に当ったとき、その粒子を中心として周囲のさまざまな方向に広がる現象です。太陽放射も、大気の気体分子に当たると一部が散乱し、宇宙へ出ていくものと地上に届くものがありま

124

す。

　また、波長の短い青色光は、波長の長い赤色光に比べて10倍も強く散乱します。強く散乱した青色光のため、大気全体が青く見えます。空が青いのはこのためです。

　さて、反射せずに残った太陽放射のエネルギー69のうち、一部の赤外線の成分など20が大気に吸収され、可視光を中心とする49が地表にまで届きます。地表に吸収された可視光のエネルギーは地表を温めます。そして、地表からはその温度に応じた赤外線が放射されます。この赤外線放射は、「大気の窓」領域の波長のものは直接宇宙へと逃げていきますが、それは12だけです。102は大気中の水蒸気に吸収されてしまいます。

　地表からの赤外線放射を吸収して温められた大気は、赤外線を再放射します。再放射された赤外線はすぐにまた大気に吸収されては再放射されるということをくり返していきますが、最終的には宇宙へ逃げていくものと、地表に達して吸収されるものとに分かれます。宇宙へ逃げるのは57で、地表に戻るのが95です。

　この大気からの放射を吸収することで、地表の温度は平均15℃という温度に保たれます。温められた地表は、接した大気への熱の伝導と対流、水蒸気の運搬と凝結によっても熱を移し、大気を温めます。このエネルギーは30です。

🔍 地球温暖化と二酸化炭素による温室効果の関係は？

　大気には、地表からの赤外線放射を吸収・再放射し、地表や大気の温度を押し上げる温室効果があることを解説してきました。温室効果と聞くと、地球温暖化で問題となる二酸化

炭素を先に思い出しがちです。しかし、温室効果が最も大きいのは、じつは水蒸気です。二酸化炭素も水蒸気に次いで赤外線を吸収したり放射したりする性質がありますが、分子1個当たりの効果は水蒸気のほうが大きく、また大気中の分子数も水蒸気のほうがずっと多いのです。

　二酸化炭素の増加は、もちろん温室効果を強めます。しかし二酸化炭素の増加そのものによる温室効果の増強はわずかです。ところが、それによって少し気温が上がると、地表からの水の蒸発が盛んになって大気中の水蒸気量が増え、その温室効果で気温がさらに上がります。「フィードバック」という言葉があります。これは、ある現象が進行する過程で出てきた結果が、その現象が起こる「原因」の側に戻ってきている関係を表します。二酸化炭素の増加による気温上昇のフィードバックである水蒸気の増加は、さらに気温の上昇をまねくようにはたらくので、正のフィードバック（ポジティブ・フィードバック）とよばれます。地球温暖化の予想では、環境中の正のフィードバックと負のフィードバックを数値的に評価して、気温上昇の見積もりを行っています。

　また、図3-11では、宇宙から地球に入ってくるエネルギーが100、出て行くエネルギーが100というように均衡が保たれていると考えましたが、地球温暖化が進む過程では、この均衡がわずかに崩れることも言い添えておきましょう。地球から出て行くエネルギーのほうが、宇宙から地球に入ってくるエネルギー（太陽放射）よりもわずかに小さく、大気や海洋にエネルギーが蓄積されていきます。

1日の気温変化はどのように生じるか

 1日の最高気温が正午から少し遅れるのはなぜか

　これまで地球の平均的なエネルギーの収支を見てきましたが、そこで考えた放射や温室効果の理解をもとにすると、日常の気温の変化についても考えることができます。気温は、他の場所から温度の異なる空気が流れこんできて変化することもありますが、ここではそのような例は除き、風が弱く、空気の水平方向の移動があまり起こらず、地表や大気がその場で温められる場合を考えましょう。

　地表が受け取る太陽放射のエネルギーは、太陽が南中する正午ごろに最も大きくなります（図3-12）。地平線から太陽までの角度を太陽高度といいますが、太陽高度が大きいほど、太陽放射は地表を強く温めます。なぜなら図の（b）のように、同じ強さの光でも、地表に斜めに当たると広い面積に広がってしまい、最も効率よく光を受け取るのは太陽高度が90度のときだからです。

　さらに図の（c）のように、大気を斜めに入ってくる太陽光は、大気中を長い距離にわたって通過する間に散乱して弱まります。このことは、夕暮れの太陽光が弱々しいことから実感できます。

　これらのことから、晴れた日の最高気温は正午ごろに記録されそうなものです。ところが実際は、太陽の高度が最も高くなる正午頃から2時間前後遅れて最高気温が記録されます。この遅れの理由は、次のようにして太陽放射と地球放射

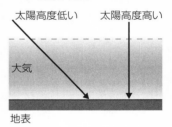

(a) 1日の太陽高度の変化

南中

南中したとき
の太陽高度

西

南

北

東

**(b)太陽高度による地表の受け
取るエネルギーの違い**

太陽高度低い　　太陽高度高い

地表の同じ面積

**(c)太陽高度による大気を通過
する長さの違い**

太陽高度低い　　　太陽高度高い

大気

地表

図3-12　太陽高度と地表が受け取るエネルギーの関係

の変化を考えることで理解できます。

　図3-13は、地表が受け取る太陽放射のエネルギー⇩、地
表が放射するエネルギー⬆、および地表付近の温度（気温）
の関係を表した概念図です。この図を見ながら考えましょ
う。

　地表に入射する太陽放射のエネルギー⇩は、太陽高度の最
も高い正午をピークとした山形です。まず日の出から正午ま

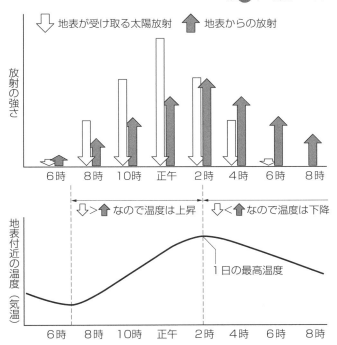

図3-13　地表に出入りする放射と気温の関係の概念図

での範囲を見ると、太陽放射を吸収した地表の温度は上昇を
続け、地表からの放射も増加し続けます。ここで、地表温度
が上昇するのは当たり前のようですが、それは、地表の吸収
するエネルギー⇩のほうが、放射するエネルギー⬆よりも大
きいからであることにほかなりません。

　正午を過ぎると、太陽放射⇩は減少し始めます。すると地
表温度はすぐに低下するかというと、まだ低下しません。な

129

ぜなら、太陽放射⬇は、依然として地表からの放射⬆よりは大きい状態になっているからです。結局、太陽放射が地表からの放射と同じ大きさに減少するまで、地表温度の上昇は続くことになります。⬇と⬆の大きさが等しくなった時刻が、地表温度が最高になる時刻であり、それは太陽高度が最大の時刻よりかなり後になるのです。

🖋 明け方が最も低温なのはなぜか

　地球放射は、日没後もずっと続きます。このため、地表温度は日の出まで低下が続きます。このような地表からの放射によって起こる温度低下を**放射冷却**といいます。

　春や秋の日、日中の日差しにより昼間暖かくても、夜になって温度が下がり、明け方、地面に霜ができることがあります。これは放射冷却による現象です。とはいっても、日中の気温が同じでも、霜は生じないこともあります。放射冷却が進むには、冷却を妨げる要因の少ないことが必要です。

　その要因のひとつは、大気中に水蒸気が多かったり雲が多かったりすることです。地表からの赤外線放射を吸収して再放射するので、地表はそれによって少し温まる効果を受け、温度の下がり方がゆるくなります。これはつまり温室効果です。ところが、夜間に雲がなく、大気が乾燥していると、この温室効果が弱まります。地表からの放射は宇宙へと逃げていく一方となり、地表付近の温度低下が激しくなるのです（図3-14）。

　このような放射冷却の起こりやすい、雲がなく乾燥した天気をもたらすのは、大陸から日本へと移動してくる移動性高気圧（第5章）に覆われたときです。雲ひとつなく晴れるの

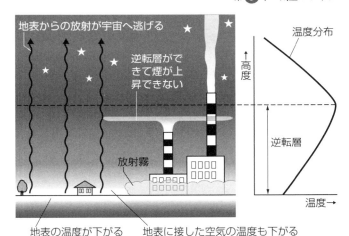

地表からの放射が宇宙へ逃げる

逆転層ができて煙が上昇できない

放射霧

温度分布

↑高度

逆転層

温度→

地表の温度が下がる　　地表に接した空気の温度も下がる

図3-14　**放射冷却**　雲がなく、乾燥した日に起こりやすい

で、昼間に気温が上がりますが、夜には十数℃も気温が下がったりします。風が弱いので、地表付近の冷えた空気が上のほうのまだ暖かい空気とかき混ぜられません。「気温」として測定される1.5m付近の空気の温度が氷点下にならなくても、地表の温度はさらに下がって霜ができるのです。

　放射冷却によって生じる現象は霜だけではありません。地表付近の空気が冷えることで水蒸気が凝結し、霧が発生することもあります。この霧を**放射霧**といいます。

　また、夜間に放射冷却が進むと、上空ほど温度が低いという標準的な大気の温度分布とは異なり、地表付近ほど温度が低いという状態になった層ができます。この層を**逆転層**といいます。上空ほど暖かいという逆転層の温度分布は、成層圏と同じように、上昇気流がとても起こりにくい状態です。こ

のため、低い煙突からの排煙が逆転層内で上昇できずに、層内に漂ったりします。ただし、煙突が十分高くて逆転層を突き抜けている場合、排煙は上空へ逃げていくことができます。

　もしあなたが工場の近くに住んでいて、普段しない工場の排気のにおいがしてきたとすれば、この逆転層が原因である可能性があります。風がなくよく晴れているか、関連を考えてみましょう。そういう夜は、霜や霧が発生しやすいと予想することができます。

🔍 砂漠や高原では1日の気温較差が大きいのはなぜか

　砂漠の気候は、降水量が少ないだけでなく、1日の気温較差が大きいのが特徴です。昼間の気温が35℃を超す一方で、夜になると急に気温が下がって1桁台の気温になったりします。このように1日の気温較差が30℃にもなるようなことは、日本ではほとんど起こりません。

　砂漠の1日の気温変化が非常に激しいのは、砂漠の大気が非常に乾燥していることが一因となっています。大気中の水蒸気量が少なく、雲も少ないため、温室効果があまりはたらかずに夜間の放射冷却がどんどん進むのです。昼間も温室効果は弱いですが、晴天による日射の強さに加えて、砂漠の乾いた砂が昼間の気温上昇を激しくさせる効果があります。というのは、空隙に空気をたくさん含むため、日射による熱が地中へあまり伝わらないのです。表面に熱が集中してたまり、より地表温度が高くなるため、その熱が空気へ伝わって昼間の気温は上がるのです。

　砂漠だけでなく高原でも、1日の気温較差は大きくなりま

す。高原は、その上空にある大気の厚さが低地より薄いのが特徴です。大気が少ない分、含まれる水蒸気量も少なく、温室効果がはたらきにくいので、夜間の放射冷却が進みやすくなっています。アメリカのネバダ州リノは、標高1350mの高原に位置しますが、7月の最高気温は月平均で33℃あり、最低気温の平均は8℃です。特に較差の大きい日でなく1ヵ月の平均で見てさえ、1日25℃の気温較差があるのです。

　また、高原では、温室効果の「ジャグリング」をする相手である中層や上層の大気は、低地の上空にある下層の大気よりも低温です。したがって高原においては、日中の地表の温度も、低地ほどには上がらないと考えることができます。

　さらに付け加えておくと、山岳地帯のような場所では、昼間でも風が吹けば急に気温が下がります。というのは、熱せられた地表面により温められた空気は、風によって容易に吹き飛ばされ、同じ高度にある低温の空気と入れ替わってしまうからです。

🔍 熱帯夜となるのはなぜか

　最低気温が25℃を下回らない夜を、「熱帯夜」といいます。砂漠や高原の気候をもたらすしくみを考えると、熱帯夜がどのような条件で起こりやすいかもわかります。

　砂漠のようにからっと乾いた空気ならば夜間に気温が下がりますが、日本の夏は大気が湿っていることが多いため、温室効果の「ジャグリング」が強くはたらくことになります。夜間に地表から放射は行われますが、大気中の豊富な水蒸気がすぐに吸収して再放射します。すると気温はなかなか下が

りません。もちろん、夜になって上空が雲に覆われた場合にも、雲が地表からの赤外線を吸収して下方へ再放射するので、地表での気温は下がりにくくなります。

このような効果によって、昼間30℃の気温で、夜になっても朝方までずっと25℃以上あるというように、数℃しか気温が下がらない日があります。春や秋に霜が生じるようなときは、気温で十数℃〜20℃の低下がありますから、たいへん大きな違いです。

🔍 風向きが変わると気温が変わる

さて、本章では、気温のしくみについて主に放射による原理的な解説で解き明かしてきました。しかし、放射による気温の決まり方以外にも、1日の気温を変える要因がありますので、それにも少しふれておきましょう。

そのひとつは、日常生活でも経験しているように、南風が吹くと暖かくなり、北風が吹くと寒くなるといったことです。これは、次の節で述べるように緯度の低い地方ほど暖かい空気があり、緯度の高い地方ほど冷たい空気があるためです。温度差のある空気が水平方向に動いて――つまり風が吹いて――気温が変わることを**温度移流**といいます。陸と海、平地と高原で温度差があり風が吹くときにも、温度移流は起こります。温度移流という言葉は、第5章の低気圧の解説でも低気圧を発達させる高層の気象の話として出てきますので覚えておきましょう。

また、第2章で解説した、降雨による冷たい下降気流によっても、気温が変わることがあります。

気温は緯度と季節によりどう変わるか

緯度による温度の違い

　太陽放射と地球放射のバランスの話では、これまで地球全体の平均の話をしてきました。しかし、緯度の異なる場所での放射の違いを考えるためには、地球が球形であることも考えに入れなくてはなりません。

　図3-15は、地球に太陽放射が当たるようすです。地球は球形であるため、赤道を中心とした低緯度と、北極や南極に近い高緯度では、太陽放射の差しこみ方に大きな違いが生じます。同じ強さの太陽放射でも、高緯度は低緯度に比べて地表に差しこむ光線の角度が浅いため、広い面積に広がって当たります。同じ面積で比べると少ないエネルギーにしかなりません。また、大気の層に対して斜めに差しこむ場合のほうが、光線が大気中を通過する距離が長くなります。途中で散乱されてしまったり、大気の上層で吸収されるエネルギーが

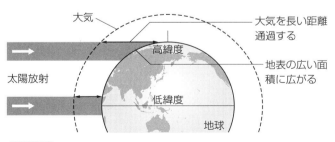

図3-15 緯度による太陽放射の差しこみ方の違い

多くなって、地表に届くエネルギーは減ります。この2つの理由で、単位面積あたりに供給される太陽放射は、高緯度ほど少なくなります。

結果として、低緯度の赤道近くは暑くなり、高緯度の北極や南極では寒くなるというのは、常識で知るとおりです。年間の平均気温で見れば、赤道上と北極では50℃もの差があります。

今までのように、太陽放射と地球放射のバランスで考えてみましょう（図3-16）。すると、低緯度では太陽放射が地球放射を上回り、高緯度ではその逆になっています。低緯度で余った熱は、温度の高い空気が移動したり、高温で蒸発した水蒸気が空気とともに移動したりすることで、高緯度へと運ばれています。また、大気だけでなく海流も熱を運ぶはた

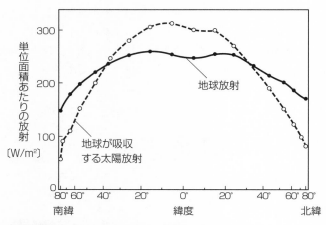

図3-16 緯度ごとの太陽放射と地球放射
（出典：『新教養の気象学』、〔Vonder Haar, Suomi, 1971〕）

136

らきをしています。

　このような熱の伝わり方は、「対流」にあたりますが、地球規模での大きな大気の循環であり、また、地球表面に沿った方向の動きをともなっているので、大規模な風を起こす要因です。これについては、次章の「風のしくみ」でくわしく展開することにしましょう。

季節の変化の起こる理由

　次に、季節変化について考えましょう。図3-17は、地球が太陽のまわりを公転するようすです。地軸を一定の方向に傾けたまま公転するので、日本の位置する北半球は、太陽のほうを向いたり、逆に太陽に背くようになったりと変化しま

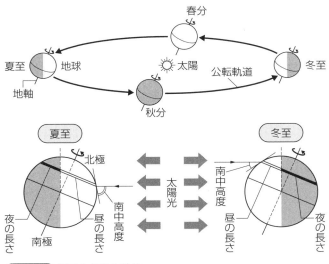

図3-17 地球の公転と季節

す。北半球が太陽のほうを向くときが日本では夏です。太陽が真南の空に見える高さ、つまり南中高度は、夏至の日に最も高くなります。また昼間の時間も長くなり、北半球の受け取る太陽放射の量が増えるので、気温が上がります。

夏至の日は6月の下旬（22日頃）ですが、最も気温の高くなるのは8月頃です。このずれが生じるのは、1日の最高気温が南中時刻よりも遅れるのと同じような理由です。北半球において、「太陽放射＞地球放射」ならば気温は上がる局面にあり、逆に「太陽放射＜地球放射」ならば気温は下がる局面にあります。夏至の日に温度が上がる局面にあるのはもちろんですが、夏至の日を過ぎても「太陽放射＞地球放射」が続く限り気温は上がり続けます。気温がピークとなる8月頃、やっと「太陽放射＝地球放射」となり、その後気温は下降に転じます。

これとは逆に、北半球が太陽に背くようになったとき、日本では冬です。南中高度は、12月下旬（22日頃）の冬至の日に最も低くなります。冬至の日以降は北半球の受け取る太陽放射が増加し始めますが、「太陽放射＜地球放射」がしばらく続くため、気温は1月あるいは2月まで低下が続きます。

🔍 大陸と海洋での温度の違い

7月と12月における世界の平均気温の分布を表したのが図3-18です。引かれている線は等温線です。大まかに見て、等温線は東西に走っていて、低緯度で気温が高く、高緯度では気温が低くなっていることが読み取れます。また、7月と12月を比べると、北半球と南半球では、夏と冬が逆に

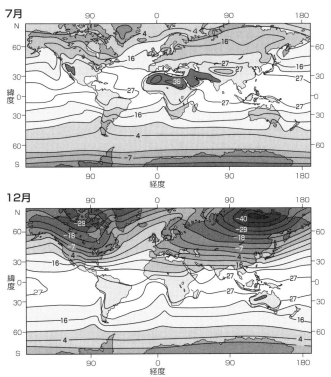

7月

12月

※ 地図中の数字の単位は「℃」（出典資料の華氏を摂氏に換算した）

図3-18 7月と12月の世界の平均気温分布　（出典：『最新気象百科』）

なっています。

　この図をさらにくわしく見てみましょう。大陸のある部分で等温線はどうなっていますか？　12月の北半球の大陸のところでは、等温線が南側に湾曲していることに気がつきます。これは、同じ緯度でも、大陸上のほうが海洋上よりも気

温が低いことを表しています。7月の図では、12月ほどわかりやすくはないですが、逆に大陸上のほうの気温が高くなっています。

　このような気温の違いが生じるのは、地球の同じ緯度の地表が同じ強さの太陽放射を受けても、水で覆われた海洋と、土（岩石）で覆われた大陸では、熱せられやすさが異なることが原因のひとつです。

　同じ量の熱を物体に与えたとき、どれだけ温度が上がるかは、物質によって異なります。水1gを1℃上昇させるには、ちょうど1カロリー（cal）の熱が必要です。カロリーは熱量の単位ですが、エネルギーの単位ジュール（J）に置き換えて考えられ、4.2ジュール＝1カロリーです。ここではカロリーで考えましょう。

　水とは別の物質、たとえば鉄1gでは、1℃上昇させるには、0.11カロリーだけあれば足ります。また、陸地を覆う岩石の場合、たとえば花崗岩1gを1℃上昇させる熱は0.2カロリーくらいです。つまり、太陽放射の強い夏、受け取る太陽放射の強さが同じでも、大陸のほうが海洋よりもずっと温度が上がりやすいのです。

　冬はどうでしょうか？　大陸が少ない熱量でも温度が上がりやすいということは、逆に、少ない熱の放射でも温度はすぐに下がるということでもあります。太陽放射の弱い冬には、放射冷却が進みやすく、海洋よりも温度が低くなるのです。

　以上のように、大陸のほうが熱しやすく冷めやすいのですが、理由はほかにもあります。海洋は、海面で熱が加わったり逃げたりしても、厚みのある層の中で水がかき混ぜられる

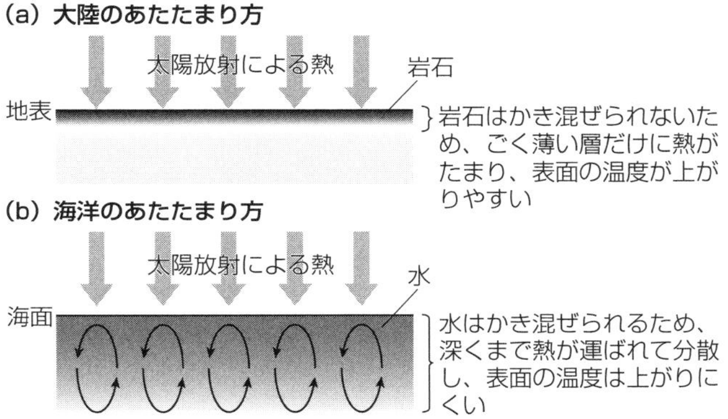

(a) 大陸のあたたまり方

太陽放射による熱　　岩石

地表

}岩石はかき混ぜられないため、ごく薄い層だけに熱がたまり、表面の温度が上がりやすい

(b) 海洋のあたたまり方

太陽放射による熱　　水

海面

}水はかき混ぜられるため、深くまで熱が運ばれて分散し、表面の温度は上がりにくい

図3-19 かき混ぜの効果による大陸と海洋のあたたまり方の違い

ため、温度変化はそれほど大きくなりません（図3-19）。同じ面積の大陸と海洋を比べると、深くまで熱が運ばれる海洋の方が熱を受け取る物質量がずっと多いから温度が上がりにくい——そう考えてもよいでしょう。

　これに対して、大陸は、かき混ぜられることがないため、地表面近くのごく薄い層の岩石のみが熱せられたり冷めたりして、温度変化が大きくなります。地表面の温度が上がると、地球放射の量も多くなって、夜間や冬には急激に冷えることになります。

　さらにつけ加えると、海洋の温度は、低緯度と高緯度の間を循環する「海流」にも関係しています。低緯度の熱が海流によって高緯度へ運ばれ、緯度による温度の違いを少なくする作用があります。また、水の蒸発も関係しています。つまり、蒸発量の多い海洋の場合、太陽放射は、水の温度を上げ

ることだけでなく、むしろ蒸発させることに使われるからです。第2章で図2-22に示したように、蒸発熱としてエネルギーが吸収されます。これは、夏の強い日射のもとでも、大陸に比べて海洋の温度が上がりにくい原因になります。

　以上見てきたような、地表温度や気温の緯度による違いや大陸と海洋の違いは、地球に起こる風を理解するときの基礎となります。本章での気温のしくみの理解をもとに、次の「風のしくみ」の章に移ることにしましょう。

第 4 章

風の
しくみ

冬の季節風の吹き出しにより、
東シナ海にできた筋状の雲
（画像：NASA）

気圧の差は何によってできるか

🔍 風が起こる理由

　風によって木の葉がゆれるのを見るとき、風とは空気の運動であることを容易に想像できます。しかしながら、「空気を運動させている力は何か」と問われれば、それに答えるのは容易ではありません。というのは、力は目に見えないからです。

　地球上に吹く風は、4種類もの力が関係しています。このうち「風を起こす力」から始めましょう。残りの3つの力は、どれも動き始めたあとの空気にはたらく力です。

　目に見える現象にたとえてみます。水面の高さの異なる2つの水槽A、Bを用意し、底の部分をパイプでつなぎます（図4-1）。すると、パイプに水流が生じます。水流を生じさせる力は、AとBの水槽の底にある水圧の差です。Aの水圧はパイプの中の水を右に押し、Bの水圧は左に押します。この力の差によって、パイプの中の水は動きます。

図4-1 水圧差で水流が生じるように気圧差で風が生じる

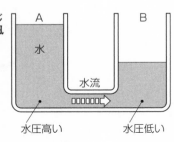

　図の水圧を気圧に置き換えれば、風を起こす力の説明になります。第1章では、大気圧は、気柱——地表から大気の上端までのびる空気の柱——の重さによって生じると説明しました。2つの場所A、Bにおける気柱の重さが異なれば、地表の気圧が異なり、この気圧差によって風が起こるのです。

　気圧の高いほうから低いほうに向かってはたらく力を**気圧傾度力**ということは、第1章の浮力の解説でもふれました。一定の距離あたりの気圧差が大きいところほど気圧傾度力は大きくなり、風を起こすはたらきが大きくなります。

🔍 気圧差を天気図の等圧線で表す

　天気図には、場所によって気圧がどのように異なるかが表されています。気圧が等しい地点をなめらかな線で結んであり、この線を**等圧線**といいます。図4-2のように、気圧傾度力は、等圧線に直角の向きにはたらき、等圧線の間隔が狭

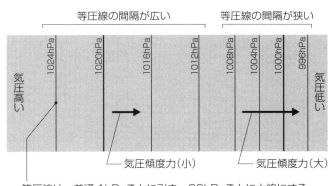

等圧線は、普通4hPaごとに引き、20hPaごとに太線にする

図4-2 等圧線の間隔が狭いほど気圧傾度力が大きい

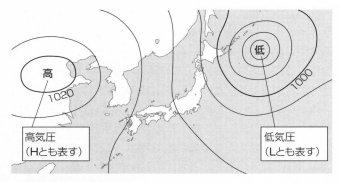

高

1020

高気圧
（Hとも表す）

低

1000

低気圧
（Lとも表す）

図4-3 等圧線と高気圧・低気圧

いほど大きくなります。そして、等圧線の間隔が狭いところ
ほど強い風が吹いています。

　この等圧線は、地上で観測した気圧（現地気圧）をそのま
ま使って描かれているわけではありません。というのは、低
地と山の上の観測点で現地気圧を比べたとき、標高の高いと
ころの気圧のほうが低いのは当たり前だからです。このと
き、低地のほうの気圧が高いからといって、低地から山の上
に風が吹くとは限りません。水平方向ではなく鉛直方向の動
きがともなう場合は、気圧だけでなく重力の影響を考慮しな
くてはならないからです。これでは実用的な天気図になりま
せん。

　そこで実際に使われている天気図では、各地点での気圧の
観測値を、高度0ｍ、つまり海面の高さで観測が行われた
と仮定したときの値に補正してから使っています。この補正
された気圧を**海面気圧**といい、海面気圧をもとに描かれた天
気図を**地上天気図**といいます。

　海面気圧を求めるには、観測地点の温度から求めた大気の鉛直方向の平均的気圧分布に当てはめて計算します。これには計算式がありますが、きわめて大まかに言えば、観測点の標高100mあたりおよそ10hPaを足せば海面気圧になります。

　このようにして求めた海面気圧で等圧線を描くと、線が同心円状にとじた場所ができます。同心円の中心の気圧が周囲より高くなっているところを**高気圧**、逆に周囲より低くなっているところを**低気圧**といいます（図4-3）。

🔍 気柱が温まると上空で高気圧、地上で低気圧になる

　地球大気の海面気圧は、場所と時間により違い、いつも変化しています。そして、その気圧差があるため、地上に風が吹いています。では、地球上の気圧が一様ではなく、場所による気圧差ができる理由は何でしょうか？　気圧差が生じる基本的な原理のひとつを理解するため、「気柱」をもとにして考えてみましょう。

　第1章で考えた「気柱」とは、大気を地表から上端まで切り取った柱で、この空気の重さによって気圧が生じるという考え方です。ここでは、図4-4❶のように、2つの場所A、Bにそれぞれ気柱を考えます。

　この図では、空気の密度を地上に近いところほど濃いグレーの濃淡で表していますが、もっと簡単に考えるには、空気の密度は気柱の内部で一様であると仮定してもかまいません。❶の2つの気柱の重さは等しく、したがって地上の気圧は等しいとします。当然、このとき地上では、風を起こす気圧傾度力ははたらきません。

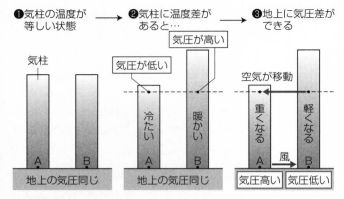

●気柱の温度が
　等しい状態　　→　●気柱に温度差が
　　　　　　　　　　あると…　　→　●地上に気圧差が
　　　　　　　　　　　　　　　　　できる

気柱

気圧が低い　　　気圧が高い

空気が移動

冷たい　暖かい　　重くなる　軽くなる

A　　　　B　　　A　　　B　　　A　　風→B
地上の気圧同じ　　地上の気圧同じ　気圧高い｜気圧低い

図4-4　暖かい気柱と冷たい気柱のモデル

　次に、図の●では、A、B2つの場所に温度差ができた場
合を考えています。冷たくなったAの気柱は体積が小さくな
って高さが低くなります。また、暖かくなったBの気柱は体
積が大きくなって、高さが高くなります。高さが変化したも
のの、2つの気柱の内部にある空気を構成する分子の数が変
化したわけではありません。A、B2つの気柱の重さは依然
として同じであり、地上における気圧も同じです。

　ところが、上空では注目すべき変化が起こっています。●
の破線で示した高さを見てください。Aの気柱ではこの高さ
から上が短くなっていますが、Bでは上に長く伸びていま
す。つまりこの破線の高さでは、Aの上空にある気柱よりB
の上空にある気柱のほうが重く、気圧が高いことを示してい
ます。

　こうなると●のように、気圧の高いBの上空から気圧の低
いAの上空に向かって気圧傾度力が生じるので、空気が動き

だします。空気が動くにともなって、Aの気柱の重さが増え、Bの気柱の重さが減ります。気柱の重さの変化した結果、Aの地表の気圧は大きくなり、Bの地表の気圧は小さくなります。このようにして、冷たい空気のある場所Aの地上気圧は高くなり、暖かい空気のある場所Bの地上気圧は低くなるのです。地表付近では、生じた気圧傾度力に応じて、AからBに向かって風が吹きます。

　あらためてまとめると、次のように言うことができます。

仮に、「気柱のセオリー」とよんでおこう。

○温められた気柱は、
　　地上で低気圧、上空で高気圧
○冷やされた気柱は、
　　地上で高気圧、上空で低気圧

　ごく簡単に言うならば、地球上には場所によって温度差があるため、気柱に温度差ができ、気圧差が生じるのです。このような、温度と気圧の関係は、後にも何度か応用しますので、本書ではこれを仮に「気柱のセオリー」とよぶことにします。記憶にとどめておきましょう。

　さらに付け加えると、今述べた温度差を原因とする以外にも、ある気柱に強制的に空気が流れこんで地上気圧が高くなることや、逆に空気が吸い出されて地上気圧が低くなることがあります。本章で後に登場する「亜熱帯高圧帯」や第5章の偏西風波動にともなう移動性高気圧や温帯低気圧がそれにあたりますが、これらについてはあらためて解説します。

地上の風はどのように吹くか

🔍 コリオリ力

　気圧傾度力が生じると、空気が水平方向に動きだそうとします。このとき、気圧傾度力の向き、つまり等圧線に直角の向きに動くのならば話は簡単です。ところが、地球は自転しています。つまり、空気が運動する場所は、回転する球体の表面という物理的に特殊な環境です。このような環境では、空気はまっすぐに運動することができない——まっすぐに運動しているつもりでもそのようには観測されない——という点が、風という現象の理解を難しくしています。

　空気だけではありません。地球上のすべての物体は、まっすぐに運動しようとしても、それを曲げようとするある種の力がはたらきます（図4-5）。たとえば大砲の弾をまっすぐに撃ち出すと、遠距離になるほど弾道が右にそれていくので、目標よりも少し左側をねらう必要があります。

　日常生活の範囲では気がつかないでいますが、人間も運動

図4-5

北半球で物体が運動すると、右にそれてしまう

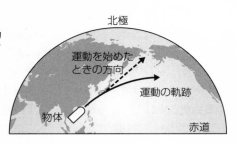

していれば例外ではなく、時速300kmで直線を走る新幹線の車両内にいる体重60kgの人には、約40gの重さと同等の力が水平方向右向きにはたらきます。

「フーコーの振り子」とよばれる現象をご存じでしょうか？おもりを重くし、糸を長くした振り子は、長時間振れ続けさせることができます。初め振り子を南北方向に振らせたとしましょう（図4-6）。すると、1回振れるごとにわずかにおもりの運動が右に曲がり、振れる方向がずれていきます。そ

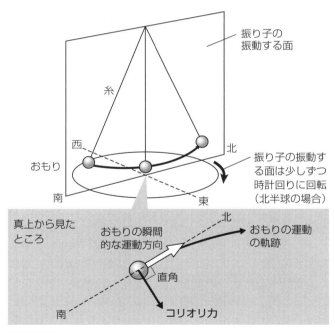

図4-6 フーコーの振り子とコリオリカ

の方向は、振り子を北極点に置いたとき、1時間で15度時計回りにずれ、6時間で東西方向になり、24時間で1周して元に戻ります。あるいは東京付近の緯度であれば、約40時間で1周して戻ります。東京上野の国立科学博物館には、振れる方向のずれていくフーコーの振り子が、盤上に並べたピンを順に倒していくようすが展示されています。

この現象は、フランスの物理学者フーコー（1819‐1868）が、地球が自転している証拠として示しました。また、この現象を起こさせる力は、同時代のフランスの物理学者コリオリ（1792‐1843）が明らかにしたので、**コリオリ力**といいます。

コリオリ力は、北半球の場合、物体や空気の運動方向に直角で右向きにはたらきます。赤道上以外のすべての場所でコリオリ力ははたらき、空気の運動に影響を与えます。また、この力の大きさは高緯度へいくほど大きく、低緯度へいくほど小さくなり、ちょうど赤道上では0です。

北半球とは異なり、南半球では、コリオリ力は運動方向に直角左向きの力になります。これは、南極側から見ると、地球の回転方向が北半球とは逆になるためです。

🔍 地上に吹く風の向きは等圧線に直角ではない

冬、日本付近は等圧線が南北に走っている天気図になることが多く、テレビの気象解説などでも、この天気図が示されることがよくあります（図4‐7）。そして、解説する気象予報士からは「北西の風が強まり……」というような言葉が出てきます。ここで、「北西の風」と言ったときは、「北西の方角から吹いてくる風」という意味なので、北西の方角に向か

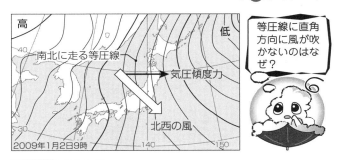

図4-7 北西の風

って吹くという逆の意味にとらえないように注意しましょう。図に白い矢印で示した北西の風は、気圧傾度力の向きから右に少し回転した向きです。ですから、この風向きにはコリオリ力が関係していることが想像できるでしょう。

　風が吹くとき、どのように力がはたらいているかをこれから具体的に見ていきます。注意しなければならないのは、力がつり合っているときに風は吹かないと考えてしまいそうですが、実際は異なるということです。もちろん静止している空気にはたらく力がつり合っていれば静止したままですが、いったん動きだした空気では、力がつり合っても静止せずに運動し続けます。このような運動の仕方は、中学校や高校の理科で学ぶ「摩擦のないなめらかな面で物体を押し動かしたとき、加える力をなくしたあとも物体は等速直線運動を続ける」という「慣性の法則」の原理によります。

　さて、風が吹き始めたりやんだりするときには、速さや向きが変化しており、はたらく力はつり合っていませんが、ここでは、風が一定の速さと向きで吹いているときのことを考

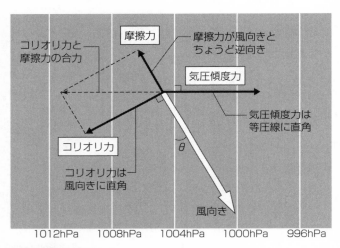

コリオリ力と摩擦力の合力

摩擦力

摩擦力が風向きとちょうど逆向き

気圧傾度力

気圧傾度力は等圧線に直角

コリオリ力

コリオリ力は風向きに直角

θ

風向き

1012hPa　1008hPa　1004hPa　1000hPa　996hPa

図4-8 地上で吹く風における力のつり合い

えることにしましょう。図4-8に示した風——つまり一定の速さと向きで運動する空気——にはたらいている力の1つめは気圧傾度力、2つめはコリオリ力で、3つめは地表との摩擦力です。低気圧の中心付近のように等圧線が湾曲している場合は、さらに遠心力も考えなくてはいけないのですが、ここでは等圧線が直線の場合を考えます。

　図に示されている実線の黒い矢印は、ベクトルといい、矢印の向きが力の向きを表しているだけでなく、矢印の長さが力の大きさを表しています。2つの力が合わさった合力は、2つのベクトルを2辺とする平行四辺形の対角線の向きと大きさになるという、理科や数学で学んだ知識を思い出してください。

　図の白い矢印で示した風が吹いているとき、ひとつひとつ

の力がどのように決まるのか考えていきます。まずわかりやすいのは、気圧傾度力で、これは等圧線に直角の方向です。

　気圧傾度力により空気が動き始めると、残りの2つの力がはたらき始めます。コリオリ力は、風の向きに対して直角になります。さらに、地上との摩擦力は、風の向きとはちょうど逆向きとなります。

　図には、コリオリ力と摩擦力の合力を作図して破線の矢印で示しました。この合力は、残りの気圧傾度力とちょうど逆向きで、大きさが等しくなっています。このようにして、3つの力がつり合いの状態になるに至った結果、風向きは等圧線に直角ではなく、ある角度をもって右の向きにずれて吹くのです。

　地表の摩擦が大きいときは、風向きの等圧線に対する角度 θ が大きくなりますが、摩擦が小さい場所では、等圧線に対する角度 θ が小さくなります。角度 θ は、大まかに言うと、摩擦の大きい陸上で30〜45度くらい、摩擦の小さい海上で15度くらいです。

🖊 高気圧と低気圧のまわりの風

　高気圧と低気圧のまわりの風向きを見てみましょう。等圧線が同心円状になっているので、曲がりながら進む風に遠心力がはたらきます。厳密には、図4-8で示した力のつり合いに遠心力も加えなければなりませんが、大きな高気圧や低気圧のまわりのようにゆるやかな湾曲の場合、遠心力はそれほど大きな力でははたらきません。ですからここでも、風向きの等圧線に対する角度が陸上で30〜45度くらい、海上で15度くらいということを適用することができます。

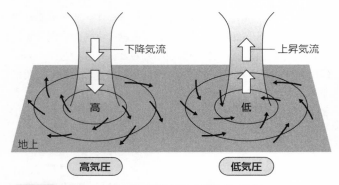

図4-9 高気圧と低気圧の周囲の風（北半球の場合）

　図4-9の地上部分に矢印で示したのは、等圧線に対する風向きです。風はどの場所でも等圧線に対して直角から右へずれた方向に吹き、全体としては、低気圧も高気圧も渦巻き状になります。

　低気圧のまわりでは、反時計回りに中心へと吹きこむ風になります。このため、中心には空気が集まり、その空気は上空へと上昇しています。また、高気圧のまわりでは、時計回りに渦巻きながら、中心から周囲へと吹き出す風になっています。このため、中心付近に足りなくなる空気を補うように、上空から空気が下降しています。このように、低気圧と高気圧の中心付近は、必然的に上昇流流または下降気流をともないます。

　図4-10は実際の地上天気図です。各地点の風向きは、「矢羽根」とよばれる記号で表されています。天気の記号である○印の北側に矢羽根がついていれば、「北の風」であり、北から南に風が吹いていることを示しています。この天

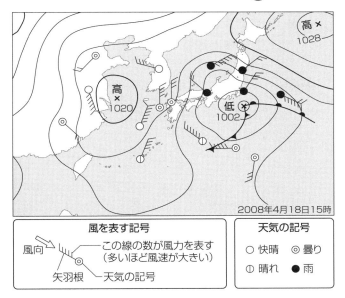

2008年4月18日15時

風を表す記号

風向　　この線の数が風力を表す
　　　　　（多いほど風速が大きい）
矢羽根　　天気の記号

天気の記号

○ 快晴　◎ 曇り
① 晴れ　● 雨

図4-10　天気図で見る低気圧と高気圧の周囲の風

気図の矢羽根の示す風向きは、おおよそ図4-9に示した矢
印の向きと一致しています。ところによっては一致してない
ところもありますが、スケールが大きい天気図には表されて
いない細かい気圧の変化があったり、山などの地形の影響も
あるためです。

　また、この天気図には低気圧の中心から三角形や半円のつ
いた線が描かれていますが、この説明は次の第5章にゆずる
ことにして、次の節では、地上ではなく上空に吹く風を考え
ることにしましょう。

上空に吹く風はどうなっているか

🔍 上空では風は等圧線に平行に吹く

　上空に吹く風には、地表との摩擦がはたらきません。この
ため、等圧線に対する風向きは、地表と異なります。図
4-11は、摩擦のはたらく地表から摩擦のない上空へいった

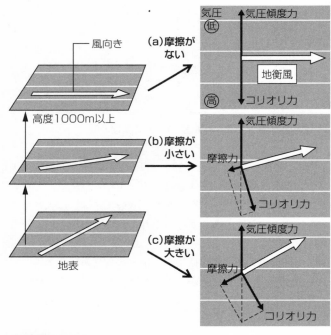

図4-11 地衡風

とき、同じ気圧傾度力がはたらくもとで風がどのように異な
るかを示したものです。図の（b）は、地表より上空です
が、摩擦がまだ少し残る高さの風を表しています。まず、こ
の（b）の風にはたらく力と、地表の（c）の風にはたらく
力とを比べます。（b）と（c）では摩擦力の大きさが異な
るため、3つの力のつり合う角度は、それぞれ異なっていま
す。このときの風向きは、それぞれ、摩擦力と一直線上で反
対向きです。風向きと等圧線のなす角度は、摩擦の小さい
（b）のほうが（c）よりも小さくなっているのがわかりま
す。

　さらに摩擦が小さくなって、0になったときが（a）で
す。風の方向は等圧線と平行で、「気圧が低い側を左手に見
ながら進む向き」になります。このように、等圧線に対して
平行に吹く風を**地衡風**といいます。地衡風となるのは、およ
そ高度1000m以上です。地衡風は、理論上の理想化した風
ですが、実際の風もほぼこのように吹いていると考えること
ができ、上空の天気図で風向きを考えるときの基本となりま
す。地球大気全体を見れば、摩擦がはたらくのは地表にごく
近いところだけなので、風は等圧線に平行に吹くというのが
標準的な考え方です。

　等圧線が平行ではなく湾曲している場合は、風は曲がりな
がら吹くので、遠心力がはたらきます。この場合に関係する
力は4つですが、この4つの力がつり合ったときの風向き
は、やはり等圧線に平行になります。このようにして遠心力
も考えた場合の風は、地衡風ではなく、**傾度風**といいます。

　地衡風や傾度風の風向きが気圧傾度力と直角になっている
ことは、地上の風のとき考えた3つの力のつり合いと同様

に、理解しにくい現象です。この場合は、糸の先におもりをつけて円運動させるときと似ています。おもりにはたらく力は、糸が中心に向かって引く力と、遠心力です。この2つがつり合いながら、おもりは円に沿った方向に運動します。この場合も、力と運動方向は直角です。

🔍 上空の気圧を表す天気図

　ここで、上空の風についてもう少しくわしく理解するため、高層天気図のことを知っておきましょう。後に例を示す高層天気図では、地上天気図とは異なり、描かれる線は気圧の等しい点を結んだ等圧線ではありません。

　高層天気図に描かれたこの線の意味を知るために、まず、地上天気図の等圧線を地上から上空へ延長して、面として考えてみます。隣り合う場所の気圧は連続的に変化していくので、気圧の等しい点をつないでいくと、地上から上空へなめらかに続く面ができます（図4-12）。この面を**等圧面**とい

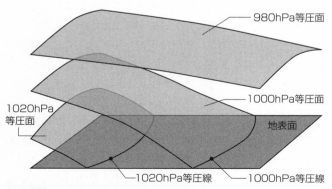

図4-12 地上天気図の等圧線を上空へ延長して等圧面を考える

います。等圧面と地表面が交わるところに線ができますが、これが地上天気図の等圧線になっています。

　等圧面は、地表面と交わるものだけがすべてではありません。850hPaといった低い気圧の等圧面は、地上とは交わらずに上空にだけ広がっています。図4-13に示したのは、上空に広がるいろいろな気圧の等圧面の断面図です。ここでは300hPaの等圧面に注目します。300hPaというと、地球大気の標準では、高度9000m付近の気圧にあたります。しかし、それはあくまで平均的な値であって、場所によりそれぞれの等圧面の高度は少しずつ異なります。図の線は、その高

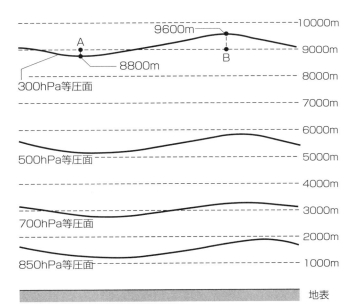

図4-13 いろいろな等圧面とその高さ（断面図）

さの違いを、ある断面で見ているわけです。

　では、等圧面を単なる断面で表すのではなく、立体的な広がりとして表すにはどうすればよいでしょうか。ここで、山や谷など起伏のある土地の地形が描かれている地図（地形図）を思い出してください。山の形が同心円状の等高線で描かれているのを見たことがあるはずです。地形図の等高線は、土地の標高が等しい点を結んだものです。気象学で扱う等圧面にもこれと同じ方法を適用し、等圧面の高度が等しい点を結んで線を描きます。この線を**等高度線**といいます。このようにして描かれる図を**等圧面天気図**といい、高層天気図は等圧面天気図になっています。

　図4-14は300hPa等圧面の高層天気図の例です。この例から、等圧面の高さを読み取ってみましょう。すると、南側で等圧面が高く、北にいくにしたがって低くなっており、北海道の西側の丸く閉じた線のところが最も低いところです。

　等圧面天気図に描かれているのは気圧ではなく高度なので、気圧差をどのように読み取ったらよいか、誰でも初めはとまどうところです。しかし、次のように考えると地上天気図と変わりなく読めることがわかります。先に結論を言っておくと、等高度線が高いことは気圧が高いことに対応し、等高度線が低いことは気圧が低いことに対応します。

　図4-13に描かれた9000mの線上で、A点とB点の気圧を比べてみます。すると、A点は、300hPaの等圧面より上にあるので、気圧は300hPaより低いことが明らかです。間違っても上空のほうが気圧が高いということはありません。一方、B点は、逆に300hPaの等圧面より下にあるので、気圧は300hPaより高いことが明らかです。このように見る

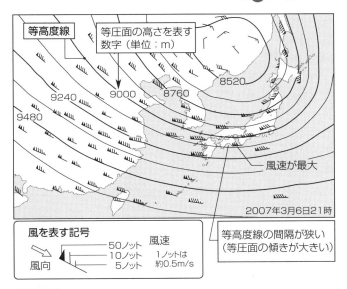

等高度線

等圧面の高さを表す
数字（単位：m）

9240　　9000　　8760

9480

8520

風速が最大

2007年3月6日21時

等高度線の間隔が狭い
（等圧面の傾きが大きい）

風を表す記号

風向

50ノット
10ノット
5ノット

風速
1ノットは
約0.5m/s

図4-14 300hPa高層天気図の例

と、この9000m付近では「等圧面が低いところほど気圧は
低く、等圧面が高いところほど気圧が高い」と言ってよいこ
とがわかります。つまり、等圧面天気図の等高度線は、地上
天気図と同様に、数値の大きいところほど気圧が高いと考え
て差し支えないのです。また、線の間隔が狭いほど気圧差が
大きく、気圧傾度力が大きいことも地上天気図と同様です。

　図4-14の300hPa高層天気図には、風も描かれていま
す。地上天気図とは少し異なる記号ですが、風向の表し方は
同じです。矢羽根のついている方角から風が吹いています。
羽根の数が風速を表し、特に黒い三角形の羽根がついている
ところは、風速の大きいところです。上空では地衡風や傾度

風になるので、等高度線に平行に、気圧の低い方を左手に見るようにして風が吹いていることが読み取れます。また、等高度線の間隔が狭いところでは、風は強く吹きます。

　さらに、等高度線の間隔が狭いことは、「等圧面の傾きが急である」と言い表すこともよくあります。これは、地形図において、急な斜面は等高線の間隔が狭くなっているのと同じです。地衡風や傾度風は、等圧面の傾きが急なほど強く吹き、等圧面の低くなっているほうを左手に見るようにして、等高度線に平行に吹くと言うことができます。

　対流圏の上層から下層までの気象状況を知るためによく作成される高層天気図は、300hPa、500hPa、700hPa、850hPaの等圧面天気図で、それぞれ表4-1のような高度の気圧分布を表しています。

　気圧とは気柱の重さであるということから考えて、それぞれの等圧面天気図を次のようにイメージするのもよいかもしれません。たとえば500hPaは地上気圧のおよそ半分ですから、500hPaの天気図が示すおよそ5700mは、その下に大気全体のおよそ半分が存在する高さということになります。

　さて、地上と上空の風の吹き方や、天気図での表し方がわかったところで、地球規模で地上や上空に吹く、大規模な風の話に移りたいと思います。

等圧面天気図の種類	基準高度	対流圏における位置	平均温度
300hPa 等圧面天気図	9600m	上層	約− 47℃
500hPa 等圧面天気図	5700m	中層または上層	約− 22℃
700hPa 等圧面天気図	3000m	中層	約− 4.5℃
850hPa 等圧面天気図	1500m	下層	約 5.3℃

表4-1　上空の気圧分布を表す等圧面天気図

4-4

地球規模の風はどうなっているか

🔍 赤道低圧帯と熱帯収束帯

「温められた気柱は、上空で気圧が高くなり、地上で気圧が低くなる」という本章前述の「気柱のセオリー」を思い出しましょう。地球規模で見ると、高緯度よりも日射量の多い赤道付近では、気柱が温められて高くなることで、上空の空気が気柱から流れ出て減少し、地上の気圧が低くなっています。これにより赤道付近には、**赤道低圧帯**とよばれる気圧の低い地帯ができています（図4-15）。

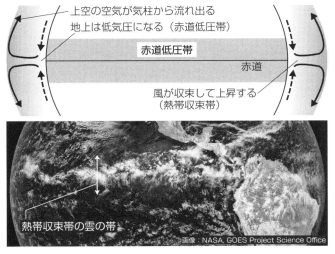

図4-15 赤道低圧帯と熱帯収束帯

赤道低圧帯には、南北から吹き込む風がぶつかって上昇気流ができ、積乱雲が活発に生じます。図4-15の下に示したのは、そうしてできた雲の帯の衛星画像です。この帯を**熱帯収束帯**といいます。地表の熱は、直接大気を温めるだけでなく、水蒸気の潜熱として上空に運ばれて、雲の発生によって放出されています。その熱は、上空の風とともに高緯度へと運ばれることになります。

🔍 亜熱帯高圧帯と貿易風帯

　赤道低圧帯の上空から中緯度の上空へ向かって流れ出る風には、コリオリ力がはたらき始めます。すると風向きは東のほうに曲げられ、西風となります（図4-16）。

　風が東西方向に流れるようになるため、上空の風はそれ以上高緯度へと達することはできません。しかし赤道上空からは常に空気が流れてきますから、中緯度の気柱には空気がたまっていき、地上の気圧が高まります。このようにして中緯

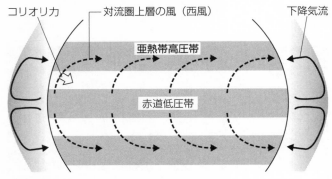

コリオリ力　　対流圏上層の風（西風）　　　　　　　下降気流

亜熱帯高圧帯

赤道低圧帯

図4-16　赤道からの気流は中緯度で西風になる

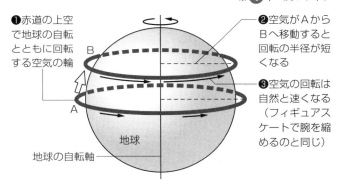

❶赤道の上空で地球の自転とともに回転する空気の輪

❷空気がAからBへ移動すると回転の半径が短くなる

❸空気の回転は自然と速くなる（フィギュアスケートで腕を縮めるのと同じ）

地球

地球の自転軸

図4-17 亜熱帯ジェット気流の生じ方

度にできる気圧の高い地帯を**亜熱帯高圧帯**（中緯度高圧帯）といい、ここにできる高気圧を亜熱帯高気圧といいます。

　亜熱帯高圧帯では、上空から地上へと空気が下降しています。下降するときに断熱圧縮により温度が上がり、相対湿度が下がるので、熱く乾燥した空気をともなう高気圧をつくり出しています。大陸では砂漠の気候をもたらします。アフリカのサハラ砂漠、中東やオーストラリアに広がる砂漠は、亜熱帯高圧帯によってできた砂漠です。

　また、日本の夏に影響を与える**太平洋高気圧**（小笠原高気圧ともいう）は、海洋上にできた亜熱帯高気圧です。高気圧の中心にある下降気流のもとでは乾燥した空気ですが、海上を吹き渡るうちに、高気圧の縁辺で湿った風に変わります。

　亜熱帯高圧帯の上空に吹く西風は、秒速30m程度あり、地球をぐるっと1周しています。この強い風は、**亜熱帯ジェット気流**といいます。このジェット気流が生じる原理は、図4-17をもとに、フィギュアスケートのモデルで次のように

考えることもできます。

　図の赤道上空にあるＡの輪の中にある空気は、地上から見たときに東西方向へは運動していないとしましょう。しかし地球の外から見れば、この空気は、地球の自転によって地表とともに西から東の方向へ回転しています。この回転する空気が、中緯度の上空へ移動するとどうなるでしょうか？　地球は球形であるため、高緯度へ向かうほど、図のＢのように輪の半径が縮まります。すると、フィギュアスケートのスピンで見られるような現象が起こるのです。

　スケーターは、はじめ両腕を広げてからゆっくり回転を始めます。腕を体の中心に引き寄せると、回転は急に速くなります。地球上の空気の運動でも、回転の中心である地軸との距離を縮める力がはたらくと、同じ現象が起こるのです。中緯度上空にいった空気は、地軸を中心にして東西方向に回転する速さが速くなり、強い西風となります。

　こうして生じる風の速さは、空気の粘性による抵抗がゼロと仮定すれば、比較的やさしい物理学で計算可能です。その計算結果は、緯度25°で約90m/sという強風になります。実際は、空気の粘性による抵抗などのためにかなり減速し、先に述べたように平均30m/s程度になっています。

　また、亜熱帯ジェット気流の下では下降気流となることも、この図からわかります。Ｂの輪は、Ａの輪よりも小さいので、空気は狭い場所に収束することになるからです。風は西風になっているので高緯度へはいかず、下降気流とならざるを得ません。

　今度は、地上の風に目を移しましょう。図4-18の地上に吹く大規模な風をまとめた図を見てください。亜熱帯高圧帯

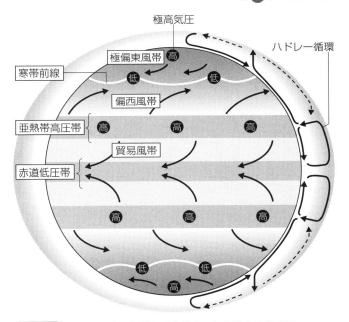

図4-18 地上に吹く大規模な風と地上の気圧分布の模式図

から赤道低圧帯に向かって吹き出す風は、コリオリ力によって右に曲げられ、東風になります。この東風は**貿易風**といいます。太平洋や大西洋には、1年中貿易風が吹いています。18世紀の帆船時代、大西洋の貿易風帯は重要な航路となっていました。

　亜熱帯高圧帯と赤道低圧帯の間には1つの大気の大きな循環が成り立っており、**ハドレー循環**とよばれています。活発な循環により、ハドレー循環のある緯度は、熱が一様に混ざり、地上に大きな温度差がありません。

🔍 偏西風帯と寒帯前線

亜熱帯高圧帯から高緯度側へ吹き出る地上の風は、コリオリ力によって右へ曲げられ、西風になります。このようにして中緯度に吹く大規模な西風を**偏西風**といいます。

地上に吹く偏西風は、北アメリカ大陸西岸の北部や、ヨーロッパの西岸では、比較的はっきりしています。日本は偏西風帯に属しますが、地上の風は1年中西風というわけではありません。ところが日本でも、上空へいくと西風がはっきりしています。日本に限らず、偏西風は上空で顕著であり、これは貿易風が地上付近の風であるのとは対照的です。上空が西風になる理由は、高層天気図を見るとわかります。

図4-19は、中緯度から高緯度にかけて北極側から見た300hPa等圧面の高層天気図です。上空9000m付近の平均的

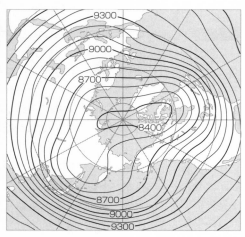

図4-19
上空9000m付近の平均的気圧分布
1月の月平均300hPa等圧面の高層天気図（1971～90年の平均）
（出典：『気象科学事典』）

気圧分布を示しています。これを見ると、等高度線線はほぼ東西に走り、等圧面は高緯度へいくほど低くなっているのがわかります。つまり気圧は、高緯度へいくほど低くなっているということです。上空でこのような気圧分布になることは、低緯度ほど大気が温められて気柱が高いことを「気柱のセオリー」に当てはめて考えればわかります。高くなった気柱は上空で気圧が高い、つまり等圧面が高いのです。

　上空の風はほぼ地衡風や傾度風なので、等圧面の低い高緯度側を左手に見ながら、等高度線に沿って平行に吹きます。中緯度から高緯度にかけての上空では、ほぼどこでも西風であることがわかります。こうして生じる上空の西風も、やはり偏西風とよばれます。中緯度から高緯度にかけての上層は偏西風が吹いており、これは地上の偏西風帯よりもずっと広い緯度範囲です。

　さて、地上の風に戻りましょう。亜熱帯高圧帯から吹き出る風は高温ですが、高緯度には極方面の冷たい空気が待ちかまえています。温度の異なる空気がぶつかり合う境目のこの地帯を、**寒帯前線**といいます。

　寒帯前線は、低緯度からきた暖かく軽い空気が、高緯度の冷たく重い空気の上に上昇して、雲が発生しやすい地帯となっています。日本付近は、偏西風帯であるだけでなく、寒帯前線のかかる場所でもあります。寒帯前線は、日本付近での低気圧の発達と関係が深く、次章でくわしく解説します。

　また、寒帯前線の上空には特に強い西風があり、**寒帯前線ジェット気流**といいます。図4-20は、北半球の寒帯前線ジェット気流と亜熱帯ジェット気流の平均的な位置を示したものです。

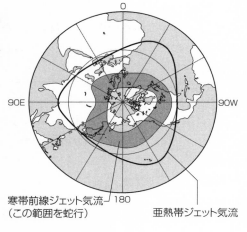

図4-20
ジェット気流の位置（模式図）
（出典：『偏西風の気象学』、〔リール 1962〕）

0

90E

90W

寒帯前線ジェット気流 — 180
（この範囲を蛇行）

亜熱帯ジェット気流

　この強い西風の成因は、寒帯前線のところにある南北の大きな温度差です。そのため、暖気側では気柱が高く、寒気側では気柱が低くなっています。すると、「気柱のセオリー」で考えたように、上空では暖気側のほうが気圧が高くなります。等圧面で見ると、図4-21の（a）のように、暖気側のほうが高く、寒気側のほうが低くなっており、寒帯前線のところで等圧面の傾きが急になっているということです。これを高層天気図で見ると、等高度線の間隔が狭くなっており（図の（b））、大きな気圧傾度力に対応して、強い風が吹きます。風向きは地衡風のため、等高度線に平行な西風になります。このような理由により、寒帯前線の上空にはジェット気流があるのです。

　寒帯前線ジェット気流は、亜熱帯ジェット気流と比べて変化が激しく、南北にうねるように蛇行して、常に形を変えて

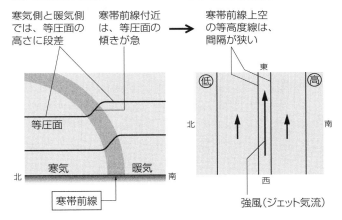

（a）南北方向の断面

寒気側と暖気側では、等圧面の高さに段差

寒帯前線付近は、等圧面の傾きが急

等圧面

寒気　暖気

北　　　　　南

寒帯前線

（b）等圧面天気図

寒帯前線上空の等高度線は、間隔が狭い

東

低　　　　高

北　　　　　南

西

強風（ジェット気流）

図4-21 寒帯前線上空の気圧傾度とジェット気流

います。この挙動についても、中緯度の低気圧の発生と関係が深いので、次章でもっとくわしく解説することにします。

　ユーラシア大陸東岸の日本上空から北アメリカ大陸西岸の上空にかけては、2つのジェット気流が接近して流れていることが多く、世界で最もジェット気流が強い地域です。風速が秒速100m以上に達することもめずらしくありません。時速にすると360kmですから、新幹線を超える速さです。日本からアメリカへ向かう航空機は、このジェット気流の中を飛行し、時間と燃料を節約しています。航空機を飛ばす仕事は気象と関係が深く、「ディスパッチャー」とよばれる気象学の知識を身につけた専門家が飛行計画を立てています。

大気の循環・ジェット気流・圏界面の関係

　２つのジェット気流の話が出たところで、それぞれの位置関係を、大気の断面図でまとめて見ておきたいと思います。

　図4-22は、赤道から北極に至る鉛直方向の断面内で示した大気循環（大気の子午面循環）の概念図で、地表を平らに表したものです。図中の矢印は、気流の東西方向の運動を無視し、南北方向の運動と上昇・下降だけに注目して表しています。また、ジェット気流の位置なども模式的に示しました。

　赤道のある低緯度側から見ていきましょう。ハドレー循環により赤道低圧帯から上昇した気流は、上空で高緯度側へ向かい、北緯30°付近に達した圏界面付近で亜熱帯ジェット気流を生じさせています。亜熱帯ジェット気流の下には亜熱帯高圧帯ができています。

　中緯度の偏西風帯では、亜熱帯高圧帯から高緯度へ向かう

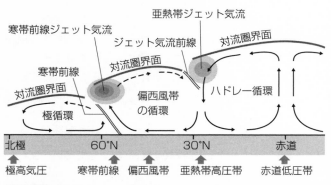

図4-22 ２つのジェット気流・３つの大気循環・圏界面の概念図

地上の風が寒帯前線をかけ上がり、圏界面付近の寒帯前線ジェット気流に合流しています。また、南北の温度差のある寒帯前線の上空に寒帯前線ジェット気流があるという位置関係です。

　亜熱帯ジェット気流と偏西風帯の循環の境界には温度差があり、対流圏高層に「ジェット気流前線」とよばれる前線面（第5章で解説）をつくっています。この前線は、寒帯前線と比べてみると、下降気流があり雲を生じさせない点は異なりますが、南北の大きな温度差が生じているところであり、それに対応したジェット気流が存在することは共通しています。

　それぞれのジェット気流を境にして、対流圏界面の高さに段差が生じていますが、これは、温度が異なる大気循環の境目にあるため、気柱の高さに差が生じているからだと考えればよいでしょう。

🖉 極循環

　極近くでは、日射が少なく、放射によって冷え続けています。このため気柱は冷えて縮み、低くなっています。対流圏界面の高さも、赤道付近が18km、中緯度では11kmあるのに対し、8kmほどしかありません。気圧が低くなっている上空に中緯度方面から空気が流れこんで、地上気圧は高くなっています。このようにしてできる高気圧を**極高気圧**といいます。

　極高気圧から吹き出す風は、コリオリ力で曲がり東風になり、この東風を**極偏東風**といいます。ただし、この上空では、偏西風帯と同様にほぼ西風です。

175

大陸と海が生み出す季節風

🔍 実際の世界の気圧と風

　ここで、図4−23で実際の観測データに基づく世界の気圧分布や風を見ておきましょう。図4−18で見た単純化したモデルとはずれている点や、北半球と南半球の違いがあるからです。モデルとよく一致しているのは、南半球です。亜熱帯高圧帯と、南緯40〜60度の偏西風帯は、夏も冬も帯状の地帯としてはっきりと現れています。南半球の偏西風というのはなかなか強力で、常に強風が吹き、大時化となる航海の難所として「吠える40度線、狂える50度線、絶叫する60度線」などとよばれています。南半球では、大気大循環のモデルがかなりよく当てはまっているといえます。

　ところが北半球に目を移してみると、南半球に比べてはるかに複雑です。たとえば、図の太平洋を見ると、夏には亜熱帯高気圧がはっきりと存在していますが、冬には太平洋東部で小さくなっていて、太平洋北部には大きな低気圧ができています。

　また、北半球の風について、日本からインドにかけての地域に注目して見ると、冬には大陸から海洋へ向かう風が吹いています。逆に夏には、海洋から大陸へ向かう風が吹いています。このように、北半球には、夏と冬とで風向きが逆になる地域があるのです。これらの風を**季節風**または**モンスーン**といいます。

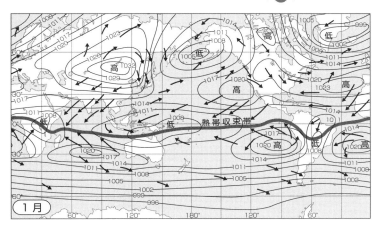

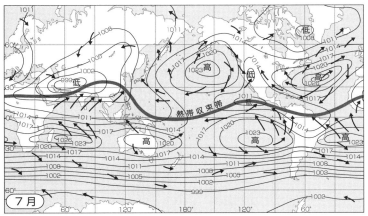

図4-23 世界の平均的気圧分布と風

（Eastern Illinois University の HP、〔Figure 7.9 in The Atmosphere, 8th edition, Lutgens and Tarbuck, 8th edition, 2001〕を改変）

冬の季節風のしくみ

　北半球に季節風の吹く地域があるのは、中緯度に大きなユーラシア大陸が横たわっているからです。南半球には中緯度にこれほどの陸地がありません。第3章で解説したように、陸と海では、熱せられやすさと冷めやすさが異なります。さて、ここでも「気柱のセオリー」で解説した「温められた気柱は、地上で気圧が低くなる」、逆に「冷やされた気柱は、地上で気圧が高くなる」ことを思い出しましょう。

　冬、大陸は、海洋に比べて熱を放射して冷めやすいため、温度が下がります。ユーラシア大陸の奥地であるシベリアでは、マイナス40℃というような極端な低温になります。このため、地表の気圧が高くなります。これとは逆に、海洋上では気圧が低くなります。このようにして、大陸で高くて海

図4-24
冬の地上天気図

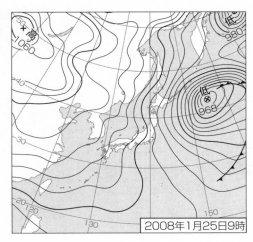

2008年1月25日9時

洋で低いという気圧差ができるのです。

　日本は、世界中で最も冬の季節風が強く吹く地域です。天気図（図4-24）を見ると、大陸上に高気圧、海洋上には低気圧が発達し、「西高東低」とよばれる気圧配置になっています。このとき大陸上にできる高気圧は**シベリア高気圧**とよばれます。

　冬の季節風は、冷たいだけでなく、大陸上から吹く風のため、非常に乾燥しています。ところが日本の場合、大陸との間に日本海があり、ここに南から暖流（対馬海流）が流れこみます。水温が冬でも平均10℃前後ある暖流は、マイナス10℃前後の冷たい季節風の下層を温め、また水蒸気を供給

図4-25　冬の季節風にともなう筋状の雲

して湿らせます。この大気の状態は、第2章で解説したように「不安定」で、積乱雲が発達しやすい条件になっています。また、列島の中心に走る山脈に季節風が当たって生じる上昇気流も雲の発達を助けます。このため、日本列島の日本海側には積乱雲による雪が多く降り、世界でも有数の多雪地帯となっています。

　日本海に生じる積乱雲は、気象衛星画像で見ると、図4-25のように筋が並んだように見えるため「筋状の雲」とよばれます。筋状に見えますが、これは巻雲ではなく、積雲や積乱雲が列になったものです。雲がこのような列をなすのはなぜでしょうか？

　図3-9では「～積雲」とよばれる団塊状の雲がベナール対流とよばれる多数の対流によってできることを示しました。冬の季節風の中でできる筋状の雲も、寒気が下から一様

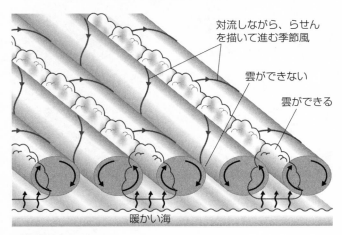

対流しながら、らせんを描いて進む季節風

雲ができない

雲ができる

暖かい海

図4-26　筋状の雲をつくるらせん状の風

に温められるためにできるベナール対流の一種です。温めているのは、温度の高い海水です。強風の中でベナール対流が起こると、らせん状の上昇気流と下降気流ができます（図4 - 26）。上昇気流の生じるところでは積雲が発生して一直線に並び、下降気流のところには雲ができないため、筋状の構造ができるわけです。

　日本海の雲は、山脈に阻まれて太平洋側にはこず、太平洋側では雪を降らせた後の冷たく乾いた風が吹きます。関東平野に吹く「空っ風」がそれにあたります。ただし、太平洋の暖かい海上に出ると、再び筋状の雲ができていることを画像から確認できます。

🔍 夏の季節風

　夏は冬とは逆に、大陸の地上気圧は低くなり、海洋上で高

図4-27
夏の地上天気図

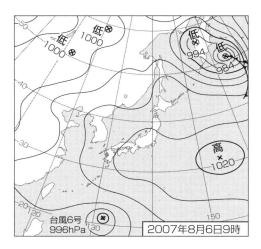

くなります（図4-27）。これによって海洋から大陸に向かって夏の季節風が吹きます。

　モンスーンという言葉は、季節風と同義にも使われますが、南アジアに吹く夏の季節風とそれによってもたらされる雨期をモンスーンとよぶこともあります。海からの湿った風が大陸へ吹きこむため、モンスーンが吹き始めると雨が増えるのです。モンスーンによる雨は、インドやタイなど南アジアの農業にとって非常に大切です。

　また、この雨は、モンスーンを強化する役割も果たしています。海洋上から運ばれた水蒸気が大陸上で凝結して雲になるとき、潜熱を放出するからです。これにより大陸上の空気は熱せられ、モンスーンを吹かせる海洋と大陸の気圧差を大きくします。

　日本付近では、季節風をもたらす海洋上の高気圧は、亜熱帯高気圧のひとつである太平洋高気圧が強まるという形で現れます。この高気圧から大陸へ向けて吹く夏の季節風によって、海から湿った風が入り、蒸し暑くなるのが多くの場合の日本の夏です。

　太平洋高気圧は亜熱帯高気圧ですから、本来は高温でかつ乾燥した気候をもたらしますが、日本列島が太平洋高気圧の中心ではなく縁辺に位置するため、高気圧の下降気流がそのまま入るのではなく、海上を吹き渡ってきた風が湿った空気に変化して日本に入ります。

　日本の夏が特に猛暑となる場合、太平洋高気圧の中心が日本列島のほぼ真上にもできて、乾燥した高温になる場合もまれにあります。亜熱帯高圧帯が日本にかかる場合もあるということになり、日本の季節変動の大きさを感じさせます。

　また、「梅雨」に夏の季節風が雨をもたらしますが、これについては次章で解説することにしましょう。

湿ったフェーンと乾いたフェーン

　猛暑に関連して、本章のテーマからやや外れますが、**フェーン**とよばれる風のしくみをみておきましょう。フェーンは、湿った風が山を越えるとき、風上の斜面で雨を降らせ、風下で吹き下りる風が高温になるという現象です（図4-28(a)）。風上の湿った空気が山地の斜面で上昇したときに凝

(a) 湿ったフェーン

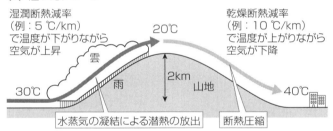

湿潤断熱減率
（例：5 ℃/km）
で温度が下がりながら
空気が上昇

乾燥断熱減率
（例：10 ℃/km）
で温度が上がりながら
空気が下降

20℃

雲

2km

30℃

雨

山地

40℃

水蒸気の凝結による潜熱の放出

断熱圧縮

(b) 乾いたフェーン

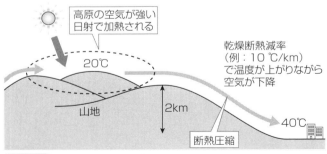

高原の空気が強い
日射で加熱される

20℃

乾燥断熱減率
（例：10 ℃/km）
で温度が上がりながら
空気が下降

山地

2km

40℃

断熱圧縮

図4-28 2つのフェーン現象

結して雨を降らせ、水蒸気が取り除かれますが、このとき水蒸気の凝結により潜熱が放出されて空気が加熱されるため、山を越えたときに温度が上昇します。

　第1、2章で述べた乾燥断熱減率や湿潤断熱減率の知識を使うと、図に示したようにどれだけ温度が上昇するか計算して確かめることもできます。

　これに対して、山を越えた風が高温になったとき、風上側で雨が降っていない場合もあり、これは今述べたフェーンとは異なります（図4－28(b)）。山地の空気が普段より強い日射で高温になることが主な原因で、その空気が風下へ吹き下りると、断熱圧縮によりさらに高温となります。これを乾いたフェーンとよぶことがあります。

　40℃にもせまるような異常な高温が報道されたときに「フェーン」の言葉を聞いたら、気象庁のアメダス（第7章）のデータで雨が降ったかどうか調べてみてはいかがでしょうか。

第 5 章

低気圧・高気圧と前線の しくみ

温帯低気圧末期の中心部に
うずまく閉塞前線の名残の雲
（画像：NASA）

温帯低気圧はなぜ発達できるのか

🔍 寒帯前線で発生する温帯低気圧

前章の大気の循環のところで解説した「寒帯前線」は、低緯度の暖気と高緯度の寒気の境目です。春や秋を中心に、日本周辺はこの「寒帯前線」がかかり、暖気と寒気がせめぎ合う場所になります。

とはいっても、日々の天気図をいくらめくったところで、そこに「寒帯前線」というものが描かれているわけではありません。その代わりに、寒気と暖気の境目には、これから説明する特徴的な4種類の前線や、低気圧が描かれています。

中緯度の温帯で発生する低気圧を総称して**温帯低気圧**といいます。たとえば、図5-1の天気図で北海道の北にある大きな低気圧がそうです。この温帯低気圧の大きさは、日本列島の九州から北海道までをすっぽりと覆うスケールです。

温帯低気圧は、多くの場合、**前線**をともなっています。図の低気圧の中心からのびている、三角形や半円のついた線が前線の記号です。前線は、暖気と寒気が接する地上の境界線になっています。

発達した低気圧の周囲では風が強まります。等圧線の間隔が狭くなっていることから、天気図でも風の強いことがわかります。実際、この天気図の日は、北海道では暴風が吹き荒れました。低気圧の周囲では、風が反時計回りに渦巻くように吹きます。すると、低気圧の西側では北から吹く風が寒気を南へ運び、低気圧の東側では南から吹く風が暖気を北へ運

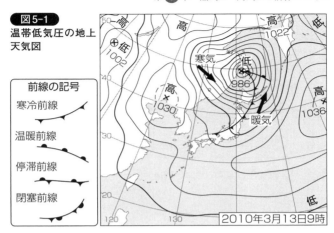

図5-1
温帯低気圧の地上
天気図

前線の記号	
寒冷前線	
温暖前線	
停滞前線	
閉塞前線	

2010年3月13日9時

びます。このような風によって、低緯度の暖気と高緯度の寒気のぶつかり合いがシビアになっています。概念上の「寒帯前線」は、このような温帯低気圧の発生と発達によって、現実の天気図に現れてくると考えることもできます。

　ところで、この天気図には、左上のほうに前線のない弱い低気圧も描かれています。北海道の北の大きな低気圧も、西の大陸上で発生したときは弱いものでしたが、次第に気圧を下げて発達するとともに、前線をともなうようになりました。弱い低気圧は、発達しないで消滅する場合もあります。では、低気圧はどのような場合に発達するのでしょうか？

　ここで、簡単なモデル図を用い、低気圧内部の空気の流れから発達の条件を考えてみましょう。図5-2では、地上でも高層でも、気圧分布は同心円状になっています。地上に吹く風は、反時計回りに中心に向かい、中心付近で上昇気流と

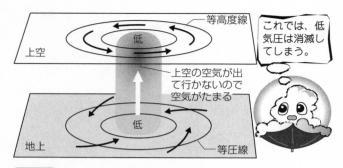

図5-2 低気圧が発達できない構造の例

なります。一方、上層の風は、前章で傾度風の解説をしたとおり、等高度線に沿って吹きます。すると上層では、空気は低気圧の中心のまわりをぐるぐる回るだけです。地上から上昇した空気は上空の低気圧の中心近くにたまって、次第に気圧は高まってしまうでしょう。つまりこのような低気圧は発達することができず、消滅へと向かいます。

このように考えると、低気圧が発達するには、上空で空気がたまらないようなしくみが必要であることに気づきます。じつは、温帯低気圧の発達には、上空の偏西風が大きくかかわっています。温帯低気圧と偏西風の関係を明らかにし、温帯低気圧の発達の条件を明らかにするのが、本章の目的のひとつです。

すぐに偏西風の話に入りたいところですが、その前に、温帯低気圧にともなっている前線のしくみや、周辺の空気の流れについて知っておきましょう。その後で、上空の偏西風へと理解をつなげていくことにします。

🔍 寒冷前線・温暖前線と温帯低気圧の構造

　前線をともなった温帯低気圧は、周囲の風の流れが少々複雑です。初めに、温帯低気圧の中心から南西側にのびている**寒冷前線**でどのような気流ができているかを見てみましょう（図5-3）。

　地上の前線を境にして、寒気と暖気が接しています。地上の前線からは、上空に寒気と暖気の境界面が続いており、一般に**前線面**といいます。前線面は寒気側に傾いています。これは、寒気のほうが暖気より重いため、寒気が暖気の下に潜りこむようにして暖気を跳ね上げているからです。ですから、暖気は寒冷前線のところで強制的にもち上げられ、図のように前線の上空や寒気側に積乱雲ができます。

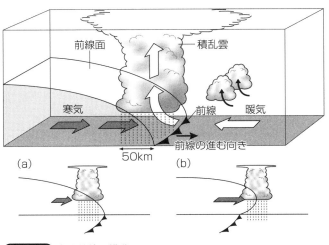

図5-3 寒冷前線の構造

天気図で寒冷前線を表す記号は、三角形の印のついている方向に寒気が進んでいることを示します。寒気が速く進むとき、地表との間に摩擦がはたらくため、図の（b）のように地上の前線よりも上空の前線面が先に進む場合もあります。このときは、雨の領域が地上の前線より南側になります。

　寒冷前線に沿ってできるこのような積乱雲の帯は、幅が50kmほどと狭く、前線が移動していく速度は時速数十kmと速いので、雨は激しくても短時間であがるのが特徴です。その代わりに、積乱雲にともなう突風や雷など激しい現象がともないます。またこの前線が通過すると、暖気から寒気に空気が入れ替わるため、気温が急に下がります。風向きも南西から北西に変化します。この変化は急激なので、天気図を見ないでも寒冷前線の通過を察知できることが多いものです。

　今度は、温帯低気圧の東側にのびる**温暖前線**について見ましょう（図5-4）。地上に描かれた前線の記号についている半円形は、暖気の進む向きを表し、前線は半円形のついているほうに進みます。軽い暖気は、重い寒気の上に乗り上げるように、するすると上がっていき、前線面をつくります。暖気が前線を押す力は、寒冷前線の寒気が前線を押す場合よりも弱く、温暖前線の移動は遅くなっています。また、暖気が上昇していく前線面の傾斜がゆるやかなため、雲は層状にでき、主に乱層雲が雨を降らします。乱層雲ができた先には、さらに上昇した空気が高層雲、高積雲、巻積雲、巻層雲、巻雲をつくっていきます。温暖前線が西から近づくとき、これらの雲が、今述べたのとは逆順で現れるので、接近を予想することができます。

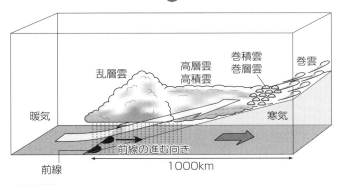

図5-4 温暖前線の構造

　古くからある天気のことわざに、「月や太陽がかさ（暈）をかぶると雨になる」というものがあります。かさというのは、太陽や月のまわりに光の輪が取り囲んで見える現象で、巻層雲をつくる無数の氷晶が、太陽光や月の光をどれも同じ角度で反射・屈折させることによります。温暖前線にともなってよく現れ、半日後くらいに雨になると言われます。この予報は70％の確率で当たるという人もいます。この確率の真否は定かではありませんが、巻層雲（うす雲）や巻積雲（うろこ雲）といった雲がもっと厚くてやや低い高層雲に移り変わったときは、温暖前線の接近がかなり濃厚です。

　前線には、このほかに「停滞前線」や「閉塞前線」がありますが、それらについては、あとで関連したところでふれることにします。

　さて、温帯低気圧の上昇気流は、前線のところで起こっていることがわかりました。もちろん低気圧周辺の上昇気流は、前線の部分だけではなく、風が吹きこんで空気が収束す

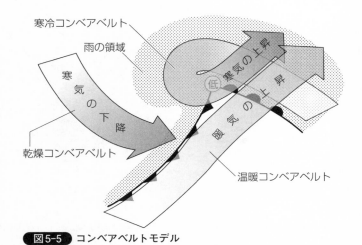

寒冷コンベアベルト

雨の領域

寒気の下降

乾燥コンベアベルト

寒気の上昇

低

暖気の上昇

温暖コンベアベルト

図5-5 コンベアベルトモデル

る中心近くにもあり、そこでも雲が発達して雨が降ります。

　以上のような、温帯低気圧の周囲の気流やそれによる雨の領域の全体像を概観してみましょう。すると図5-5のように、3つのルートで空気が運ばれ、それによって雨の領域が分布していると考えることができます。これは、空気が運ばれるルートを3つの「ベルトコンベア」にたとえた見方で、コンベアベルトモデルとよばれています。

　図の**温暖コンベアベルト**は暖気の流れるルートです。温暖前線で上昇した暖気はこれに乗って北東の上空へと上がります。また、この流れは寒冷前線に沿っており、寒冷前線で上昇させられた暖気も温暖コンベアベルトによって北東の上空に運ばれていると考えられます。

　低気圧の中心付近では、温暖前線の北側にあった冷たい空気が温暖コンベアベルトの下をくぐって北側に回りこみ、中

画像：気象庁、1999 年 4 月 6 日 9 時可視画像

心付近で向きを変えて上昇しています。温帯低気圧には、こ
のような寒気の上昇する流れもあり、**寒冷コンベアベルト**と
よばれます。暖かい空気の上昇はこれまで扱ってきました
が、なぜ冷たい空気が上昇するのかという疑問が生じたかも
しれません。これは、図1‐20 **④** で解説した、（低気圧中心
に向かう風の）収束による上昇気流です。

　寒冷コンベアベルトは、冷たく湿った空気を上昇させるの
で、温暖コンベアベルトよりも雪に結びつきやすい性質があ
ります。関東地方では、冬から春先にかけての時期、本州の
すぐ南の海上を低気圧が通ると、雪になることがよくあり、
南岸低気圧とよばれます。南岸低気圧の移動経路では、ちょ
うどこの寒冷コンベアベルトによる雲が関東地方にかかる格
好となるため、冷たい気流の中でできた上空の雪が、地上ま
で融けずに落ちて雪になります。

　低気圧の雲をつくる湿ったコンベアベルトは以上の2つ
で、3つめのコンベアベルトは乾燥した空気からなります。

後に解説しますが、低気圧の西側には、上空から下降してくる気流があり、これが寒冷前線に吹きつけています。もともと上空にあった空気なので、低温であるだけでなく乾燥しているのが特徴で、**乾燥コンベアベルト**とよばれます。乾燥コンベアベルトの冷たい風は、寒冷前線を押していきます。また、一部は低気圧の中心へ吹きこんでいき、雲のないドライスロットとよばれる領域をつくります（図5-6）。

偏西風ジェット気流の蛇行と地上の温帯低気圧

　ここからは、温帯低気圧の上空に吹く、偏西風の話に入りましょう。コンベアベルトで運び上げられた空気は、その後どうなるのでしょうか。上昇した空気が上空にたまってしまうのならば低気圧は消滅してしまうという、この章の初めに提示した疑問を解決しましょう。

　暖気と寒気の境目である「寒帯前線」の上空には、偏西風の中でも特に強い寒帯前線ジェット気流が吹いていることは前章ですでにふれました。この偏西風は、基本的に西から東へと吹き、南北に蛇行しています。図5-7は、偏西風が蛇行するようすを表す、上空5700m付近の500hPa高層天気図の例です。

　大気の高層では、低緯度で等圧面が高く、高緯度へいくほど低くなっています。示した高層天気図でも、等圧面は低緯度から高緯度に向かって低くなるように傾いています。ここで、高層天気図の等高度線は、山や谷などを表す地形図と同じようにして等圧面を描いていることを思い出してください。すると、等高度線が南側に湾曲している部分は、まわりよりも高度が低くなっており、地形図では「谷」を表す部分

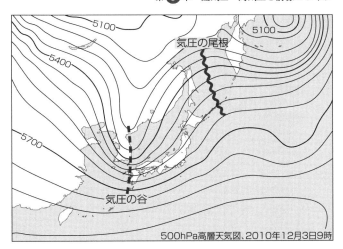

500hPa高層天気図、2010年12月3日9時

図5-7 上空の気圧の谷と尾根

です。このように高層天気図に現れた「谷」を**気圧の谷**とい
います。また、逆に、等高度線が北側に湾曲している部分
は、地形図では尾根にあたるので、**気圧の尾根**といいます。

　上空に気圧の谷があるとき、一般に地上には低気圧が見ら
れます。気圧の谷や尾根は波打つような流れの形になってい
ますが、このような部分には、それぞれ低気圧性の反時計回
りの回転、高気圧性の時計回りの回転が隠れて存在していま
す。このことは、次に示す考察から明らかになります。

　図5-8において、上空の偏西風に低気圧と同じ反時計回
りの回転を埋めこんで、風を合成することを考えます。する
と、低気圧の北側では風の速度が打ち消し合って風は弱くな
り、南側では風の速度が足し合わされて強め合います。この
結果生まれるのは、南側に張り出すように蛇行する風です。

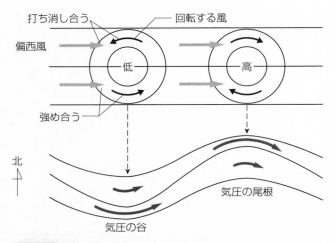

打ち消し合う　　　　　回転する風

偏西風

低　　　　　　　高

強め合う

北

気圧の尾根

気圧の谷

図5-8 偏西風に回転する風を埋めこむと……

つまり気圧の谷は、西風の中に低気圧性の反時計回りの渦が埋めこまれたものとなっています。逆に、高気圧性の時計回りの渦が西風に埋めこまれると「凸」形の気圧の尾根になります。逆に、上空の気圧の谷や尾根から西風を取り除くと、地上の低気圧や高気圧に見られる回転する風が現れてきます。

　地上の低気圧は同心円状の等圧線で囲まれていますが、図5-9(a)のように、上空へいくとその形は見られなくなります。ただし、気をつけておかなければいけないのは、発達中の低気圧の中心と、それに対応する上空の気圧の谷を結ぶ線は西側に傾いていることです。低気圧の中心は、気圧の谷の東側に位置しています。

　低気圧の中心が上空の気圧の谷の東側にある理由は、そこ

（a）気圧の谷の西側で収束、東側で発散

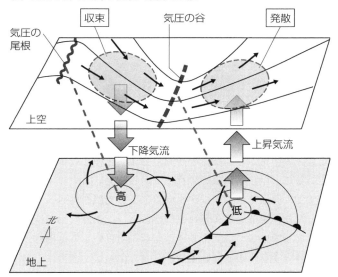

（b）収束や発散の起こり方

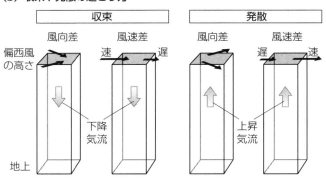

図5-9　偏西風の収束・発散と地上の高気圧・低気圧

に低気圧を発達させるしくみがあることです。偏西風の気流が気圧の谷からその東側へ抜けるとき、風向と風速の急速な変化によって空気が「収束」したり、「発散」したりする場所ができることが知られています。収束とは空気が内に集まってくる意味、発散とは空気が外へ広がっていくという意味です。

収束や発散を起こす風向と風速の変化を図5-9(b)に示しました。気柱の偏西風が吹く高さで、風向差によって風が気柱内へ集まってきたり、風速差によって気柱から出る空気よりも入る空気が多くなるのが収束です。上空で収束が起こっていることは、下降気流の存在を示唆しています。

また、発散はその逆で、風向差によって風が外へ広がっていったり、風速差によって気柱へ入る空気よりも出る空気が多くなっています。上空で発散が起こっていることは、上昇気流の存在を示唆しています。

このような発散の領域が上空にあることによって、低気圧の温暖コンベアベルトや寒冷コンベアベルトによって運び上げられた空気が上空にたまってしまうことなく、偏西風の流れの中に逃がされています。そういうわけで、低気圧は消滅することなく、発達できるのです。

谷とは逆に、等高度線が北側に湾曲して「凸」形になっている気圧の尾根では、風が高気圧と同じ時計回りにカーブしながら吹いています。地上の高気圧の中心を上空へたどっていくと、気圧の尾根につながりますが、たどった線はやはり西側に傾いています。高気圧の中心は、気圧の尾根の東側、つまり気圧の谷の西側に位置します。ここでは、風向と風速の急激な変化によって空気が収束しやすいことが知られてい

ます。すると、下降気流が起こると同時に、地上に高気圧（後に解説する移動性高気圧）が発達します。上空から下降して高気圧の中心付近から吹き出す気流は、東にある低気圧の寒冷前線に吹きつけて、先に述べた下降する乾燥コンベアベルトを形成しています。

🔍 偏西風波動の起こり方

蛇行する偏西風についてもう少しくわしく見ていきましょう。上空の偏西風が谷や尾根をつくるような波打ちを、**偏西風波動**といいます。この波動はなぜ起こるのでしょうか？

これを理解するために行われたのが図5 - 10のモデル実験です。円筒形の水槽の中心側を冷やし、外縁部を熱して、地球の北半球を北極側から見た温度分布に仕立てます。そしてこの水槽を反時計回りに回転させ、自転する地球と似た状態にします。

このとき、水槽内には、水の温度差による対流が生まれますが、同時に回転によって生じる力もはたらき、独特の流れとなります。水に粉末を浮かべてその流れを見えるようにす

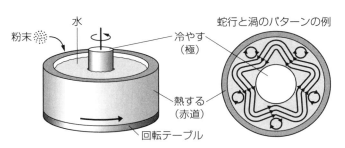

図5-10 偏西風波動と似た現象を起こす実験

ると、図のような蛇行と渦のパターンが現れるのです。

　蛇行する水の流れは、外側の高温部の熱を内側の低温部に運ぶはたらきをしていると解釈することができます。地球大気も、この水槽実験の水流と同じように考えることができ、低緯度と高緯度の温度差および自転が原因となって、偏西風波動が生じています。また、生じた偏西風波動は、低緯度の熱を高緯度へ伝える役割をしています。

　図5-11は、北半球の500hPa高層天気図の例です。この図から、上空5000m付近の偏西風波動は、水槽実験と似たパターンであることがわかります。この例では、大規模な波

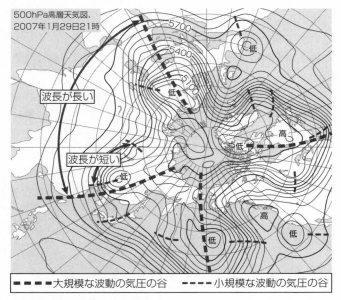

500hPa高層天気図、
2007年1月29日21時

波長が長い

波長が短い

■ ■ ■ ■ 大規模な波動の気圧の谷　　■ ■ ■ ■ 小規模な波動の気圧の谷

図5-11 北半球の偏西風波動

動4個が目につき、小規模な波動が10個程度見られます。大規模なものは、長くとどまったり、ゆっくり移動したりします。一方、小規模なものは、西から東へと日単位で移動し、日本付近を通過する場合には3日前後かかります。

　天気図の日本付近を見ると、小規模な波動による気圧の谷のひとつがあり、西のほうから別の気圧の谷が接近しています。このとき地上では低気圧が発達中です。偏西風波動の規模を谷と谷の間隔つまり波長で区別すると、温帯低気圧の発達と関係が深いのは、大まかに言って波長が数千km、日本列島の長さほどのものです。

✒ 気圧の谷の深まりと温度移流

　偏西風波動が発達する過程では、寒気と暖気の動きが重要な役割を果たします。

　温度差の大きい前線の上空では、高層天気図の等高度線の間隔が狭くなっており、地上とは異なる強い西風が吹いています。この上空の風を表したのが図5-12の**❶**で、温度分布を示す等温線も破線で示してあり、北へいくほど温度が低くなっています。風は等温線に平行に吹いているため、温度差は解消されません。気象学ではこのように南北の温度変化が急で、上層へいくと風速が大きくなっている大気の状態を**傾圧大気**といいます。傾圧大気は、ちょっとしたきっかけで偏西風波動が発達する性質をもっています。このことは、アメリカのチャーニーが1947年に発見し、「傾圧不安定理論」とよばれています。

　傾圧大気に波動発達のきっかけを与えるのは、**擾乱**とよばれる風の乱れです。擾乱は、大陸と海洋の温度差や、山脈

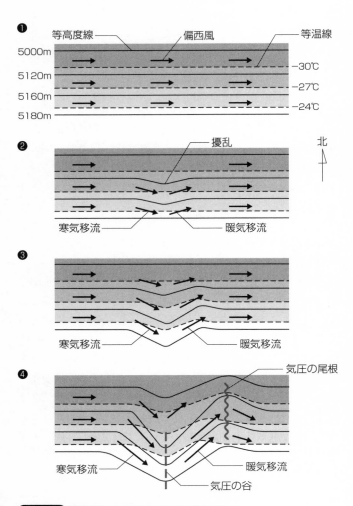

図5-12 温度移流による気圧の谷の深まり

などによって、大気の流れが乱されるなどして生じ、小さな波動として大気中を伝わります。伝わるうちにかき消されてしまうものもありますが、ちょうどよい波長をもったものが傾圧大気に到達したときは別です。波長が数千km程度の偏西風波動が発達します。

　擾乱から波動が発達する過程を模式的に見てみましょう。図の❷は、偏西風に擾乱が加わったところです。風が等温線に平行でなく、横切って吹くようになります。冷たい側から暖かい側に向かって風が吹く部分では、それまで暖かかった空気が冷たい空気と入れ替わります。これを**寒気移流**といいます。冷たく重い空気が暖かいほうへ動くので、低い高度へ沈みこみながらの動きとなります。ここでも第4章で解説した「気柱のセオリー」を使いましょう。寒気の入った部分では、気柱は冷たくなり上空で気圧が下がる、つまり等圧面が下がります。等高度線の形で見ると、南への湾曲が強まることになります。すると❸のように、湾曲に沿って寒気がさらに南へ入りこみ、等高度線をもっと南へ下げていきます。この結果、❹のように、気圧の谷は次第に南へ深まっていくことになります。

　同じような作用は、暖気がわずかに北へ入りこんだ部分でも起こり、気圧の尾根を北側へ伸ばしていきます。偏西風に沿って寒気が暖気の領域に入りこむ動きを寒気移流といいましたが、逆に暖気が寒気の領域に入りこむ動きは**暖気移流**といいます。暖かい空気なので、やや上昇する流れです。寒気移流と暖気移流を合わせて**温度移流**とよびます。

　温度移流は、気圧の谷の深まりと密接に関係しており、高層天気図を見るときに重要視されます。等高度線と等温線が

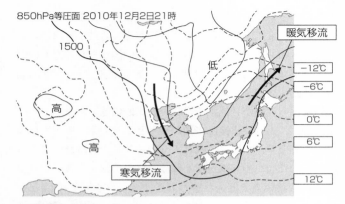

図5-13 温度移流の見られる高層天気図

平行ではなく、図5-13のように交わった状態として現れます。交わらずに平行になっている場合は温度移流はありません。慣れないと読み取りづらいですが、破線の等温線を見て、温度の低い領域から高い領域に風が吹いているときが寒気移流です。その場所で温度が下がりつつあることを示します。また、その逆に、温度の高い領域から低い領域に風の吹いているときが暖気移流です。

　高層天気図で見て温度移流が強ければ、その気圧の谷は深まっていく真っ最中です。地上に低気圧が発生したり、発達したりすることが予想できます。

　ここで、温度移流をエネルギーの観点からも検討してみましょう。すると、位置エネルギーが運動エネルギーに移り変わっていることがわかります。位置エネルギーというのは、物体が高いところにあるときにもつエネルギーで、ダムが水をせき止めてたくわえているエネルギーと同じです。水など

の物体が高いところから落下すると、位置エネルギーは運動エネルギーに移り変わり、物体は運動します。水力発電はこのようにして生じた水の運動によって発電機を回します。

　上空にある冷たく重い空気は、ダムにたくわえられた水と同じです。偏西風が東西にまっすぐ吹いているときには、この重たい空気は降りてこず、いわばせき止められた状態です。ところが、偏西風波動が深まり低気圧が発生し始めるとともに、低気圧の西側で冷たい空気が下降して、位置エネルギーが運動エネルギーへと変換され始めます。寒気と入れ替わりに東側で暖気が上昇する場合もありますが、寒気より軽いので、全体としては位置エネルギーが減少して運動エネルギーに移り変わるといえます。低気圧の周囲に吹く風の運動エネルギーは、このようにして与えられるのです。さらに付け加えると、雲が生じるときの水蒸気からの潜熱の放出も、温帯低気圧発達のエネルギー源です。

　地球規模での熱の移動の観点でも考えてみると、偏西風波動によって起こる温度移流は、低緯度の暖かい空気と、高緯度の冷たい空気を交換し、混ぜ合わせて、熱の受け渡しを行う役割を果たしているということが言えるでしょう。

温帯低気圧の発生から消滅まで

 温帯低気圧はどのようにして発生・発達するか

さて、温帯低気圧と上空の偏西風波動が関係し合う構造がわかったところで、今度は時間変化を追ってみましょう。温帯低気圧はどのような一生をたどるのでしょうか。初めに低気圧発生・発達の実例を2つ見てみましょう。

日本付近は、ちょうど温帯低気圧が発生し、発達しながら通過する場所になっています。これは、日本列島が大陸と海洋の境目にあり、南北の温度差が大きい場所だからです。図5-14の例（A）は、台湾近くの海と陸との境界付近にまず前線が発生し、そこから低気圧が発生して本州の南海上を進む「南岸低気圧」となったものです。このような、低気圧発生前の前線は、春や秋に、南シナ海と大陸の境界あたりによく見られます。温度差のあるところでは低気圧が発生しやすいという好例です。

❶の地上天気図に描かれている前線の記号は、三角と半円の記号が互いに線の反対側についています。これは、寒気と暖気の押す力が均衡して、どちらに進むか定まらないようすを示しています。このような前線を**停滞前線**といいます。このとき500hPaの高層天気図では、気圧の谷はまだはっきりしていませんが、850hPaの高層天気図を見ると前線の上空で等温線の間隔が狭く、南北の温度差が現れています。

次の❷の500hPa高層天気図では、気圧の谷がややはっきりとし始めました。また、850hPaの高層天気図では寒気移

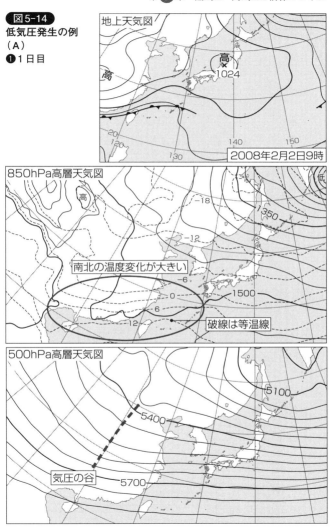

図5-14

低気圧発生の例（A）

❶1日目

地上天気図

高
×
1024

高

20

20

130　　140　　150

2008年2月2日9時

850hPa高層天気図

高

−18

1350

−12

南北の温度変化が大きい

−6

0

1500

−6

−12

破線は等温線

低

500hPa高層天気図

5100

5400

気圧の谷　5700

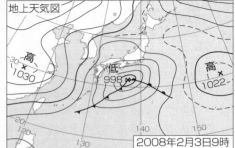

図5-14の続き
低気圧発生の例
（A）
❷2日目

地上天気図

2008年2月3日9時

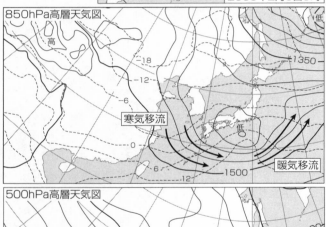

850hPa高層天気図

寒気移流

暖気移流

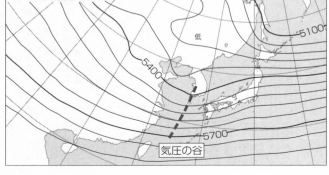

500hPa高層天気図

気圧の谷

流と暖気移流がはっきりと見られ、気圧の谷はさらに発達する状況です。地上天気図には、本州の南岸に低気圧が現れており、発達しながら通過中です。

　低気圧の発生・発達は、以上の例（A）のような、初めに地上の前線があってそれが元になる場合だけではありません。図5-15に例（B）として示したのは、大陸上では前線のなかった低気圧が、東へ移動して日本海にさしかかるところで発達して前線をともなうようになったものです。

　まず❶では、500hPa高層天気図に気圧の谷が見られ、シベリアから南のほうに伸びています。これにともなってシベリアの地上には低気圧ができていますが、地上では温度差が小さい地域のため、前線はともなっていません。また、この低気圧は南のほうに長く伸び、中国のあたりでも弱い低圧部となっています。850hPa高層天気図には寒気移流と暖気移流が見られ、気圧の谷は発達する局面です。

　翌日の❷では、低気圧は大陸と海の境界の温度差が大きいところにさしかかります。すると、低気圧の南にあった弱い低圧部が強まって低気圧となり、同時にこの新たな低気圧には、前線が生じました。また、850hPa高層天気図には前日から引き続き寒気移流と暖気移流も見られ、低気圧はさらに発達しそうです。

　以上の低気圧発生・発達の2つの例では、上空の気圧の谷と地上の前線のどちらが先行して生じるかの違いがありました。では、上空の気圧の谷が原因で地上の低気圧が発達するのか？　それとも、地上の前線の発生が原因で気圧の谷を発達させるのか？——気象現象は、いろいろな要素が互いに関係し合う「複雑系」とよばれる現象です。「複雑系」では、

図5-15

低気圧発生の例
（B）

❶1日目

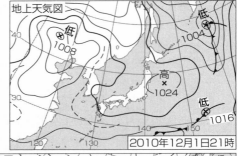

地上天気図

低
1008

低
1004

高
×
1024

低
1016

2010年12月1日21時

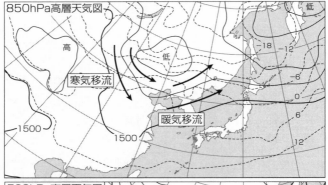

850hPa高層天気図

高

低

寒気移流

暖気移流

-18 -12

-6

0

6

12

1500

1500

低

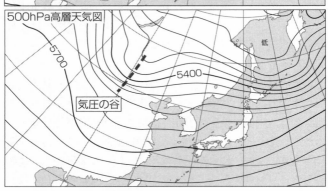

500hPa高層天気図

5700

5400

気圧の谷

低

図5-15の続き
低気圧発生の例
（B）
❷2日目

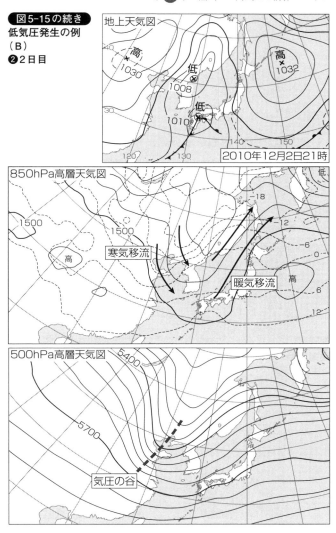

地上天気図

高　×　1030

低　◎　1008

高　×　1032

低　◎　1010

2010年12月2日21時

850hPa高層天気図

低

-18

-12

-6

0

1500

1500

高

高

6

12

寒気移流

暖気移流

500hPa高層天気図

5400

5700

気圧の谷

原因と結果を単純に分けることができません。ですから、上空の気圧の谷と、地上の前線や低気圧は、片方が原因でもう片方が結果という関係ではなく、互いに関係し合いながら起こっている現象ととらえたほうがよいでしょう。「複雑系」については、第7章の「天気予報のしくみ」でもあらためて解説することにします。

🔍 温帯低気圧の閉塞から衰退まで

　発達した低気圧では、図5-16のような前線がよく見られます。この図の低気圧の中心からのびる前線を**閉塞前線**といい、三角と半円の記号が両方同じ側についた線で表されています。低気圧が発達していく過程で、動きの速い寒冷前線が温暖前線に追いつくと、閉塞前線になります。

　このような前線の追いつきによって、何が起こっているのでしょうか。それは、寒冷前線と温暖前線の間にあった暖気が、前線にはさまれるようにしてとじこめられた末、上空に

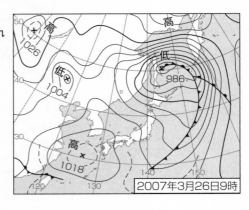

図5-16
閉塞前線が見られる地上天気図

2007年3月26日9時

もち上げられてしまうという現象です（図5-17）。このとき、寒冷前線の寒気が温暖前線をもち上げるように下から食い込む「寒冷型」（図の(a)）と、寒冷前線が温暖前線面をはい上がる「温暖型」（図の(b)）に分ける考え方もあります。どちらにしても、暖気は、もともとの前線に沿って細長く上空に残ります。そこには雨を降らせる雲が残ってはいますが、新たな暖気の上昇がないので、次第に雲は衰えていきます。

　以上で述べた閉塞前線のでき方は、20世紀初頭に確立された「ノルウェー学派」のすぐれた学説によりつくられたモデルです。現在でもこのモデルは低気圧の解析に活用されていますが、その一方で、図5-17とは異なるケースもあることがわかっています。それは、追いつくというよりは、動きの速い寒冷前線が低気圧の中心から切り離されて、温暖前線に接するようにしながらずれていくという過程を経るもので

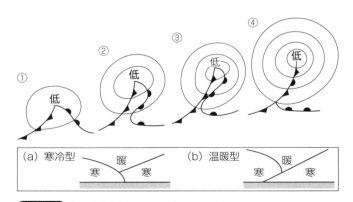

図5-17 「追いつき」で閉塞前線ができる場合
（『総観気象学入門』、〔Bjerknes and Solberg, 1922〕を改変）

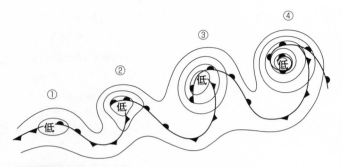

図5-18 閉塞前線ができない発達の場合
（出典：『気象科学事典』、〔Shapiro and Keyser, 1990〕）

　す。図5-18は、このような学説によって描かれた低気圧発
達のモデル図です。ここには閉塞前線が描かれていない代わ
りに、2つの前線がT字形になった構造ができています。

　2つの学説があるわけですが、どちらが正しいということ
ではなく、同じ温帯低気圧とはいっても発生や発達の仕方に
はバリエーションがある——という解釈がされています。日
本付近でも前線の閉塞の過程にはバリエーションのあること
が予想されますが、一般的な天気図では、区別せずに従来の
閉塞前線の記号で表しています。

　前線の閉塞が進んだ温帯低気圧の画像を図5-19に示しま
した。発達しながら日本列島を横切り、東北地方の東の海上
にあります。この画像を見ると、閉塞前線の雲が帯状の構造
を保ちながら、低気圧の中心に向かって渦を巻いて吹きこん
でいるようすがわかります。

　前線が閉塞した低気圧は、その後どうなるのでしょうか？
上空の気圧の谷が深まった結果、その一部が低圧の渦として

閉塞前線の雲　　　　　　　　　　　　温暖前線の雲

ドライスロット

寒冷前線の雲

破線は前線の
位置

(画像：NASA, SeaWiFS, 2002 年 3 月 20 日)

図5-19　閉塞した低気圧にともなう渦巻き状の雲の画像

切り離されて残ります（図5-20）。このようにして地上や
上空に残った低気圧は、**切離低気圧**とよばれます。

　こうなると、もはや低気圧を発達させる偏西風の発散域は
ありません。地上の低気圧の中心付近で上昇した空気は、上
空の低気圧の中心付近を埋めていき、低気圧は消滅へ向かい
ます。ただし、低気圧が十分に発達して中心気圧を低くした
あとでできた大きな切離低気圧は、しばらく余命があり、周
囲に暴風が続くこともあります。日本付近で低気圧がこのよ
うな状態になるのは、列島を通過して東の海上に出てからが
ほとんどです。

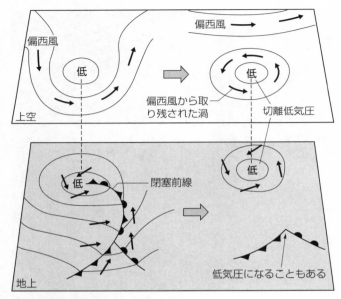

図5-20 低気圧の閉塞と切離低気圧の生成

　切離低気圧の中心には、閉塞前線の名残の雲が、ぐるぐる
と渦巻いていることもあります。本章の扉の画像のように見
事な渦巻きができると、台風と見間違えそうです。このよう
な段階では、普通、地上天気図に閉塞前線は描かれず、消滅
していると考えます。一方、南側に残った前線には、新たな
低気圧の中心ができることもあります。

　低気圧には台風もありますが、それは第6章の「台風のし
くみ」にゆずり、次の節では、低気圧と対照をなす高気圧の
しくみを見ていきましょう。

いろいろな高気圧のでき方

寒冷高気圧は背が低い

　高気圧についてはこれまでに少しずつ関連する箇所で述べてきているので、ここではあらためて整理しながら話を進めてみましょう。地表の高気圧のしくみは、大きく２つまたは３つに分けられます。

　１つめのしくみは、地表近くで気柱が冷えて重くなることで高気圧となっている場合です（図5-21）。冬のシベリア

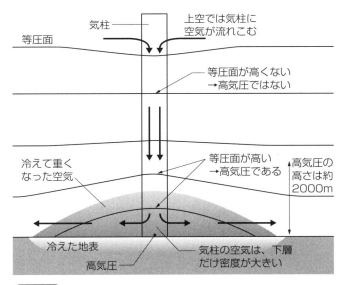

図5-21　地表が冷えてできる寒冷高気圧の構造

高気圧がこれにあたります。冬期に、大陸の地表が放射冷却で冷え続けると、地表近くの空気が冷やされて密度が大きくなります。「気柱のセオリー」で考えると、気柱の下層が冷やされて縮むので、気柱全体の高さが低くなり、中層以上では周囲から空気が流れ込みます。その結果、気柱内の空気の量が多くなり、地上で高気圧になります。下層の冷たく密度の大きい空気が中心から外に吹き出していくと、高気圧はいずれ消滅してしまいそうです。しかし、上から下降してくる空気が次々と地表で冷やされて重くなるので、地表が冷たければ高気圧は維持されます。

中層以上では気柱が冷やされるわけではないので、このしくみで高気圧になるのはせいぜい2000mです。気柱が冷えてできるため**寒冷高気圧**とよばれたり、**背の低い高気圧**とよばれたりします。

シベリア高気圧（図5-22）をつくり出す冷たい空気は**シベリア気団**とよばれます。**気団**というのは、水平方向に1000kmの規模をもち、温度や湿度が一様な空気のかたまりのことです。広い大陸上は、温度や湿度が一様であり、その上に空気が一定時間とどまると温度や湿度が一様になるので、気団が発生しやすい場所です。また、大陸上だけでなく、海洋上も気団が発生しやすい場所となっています。

気団から高気圧が発生することがあるだけでなく、逆に大きな高気圧の中心付近は、さまざまな気団の発生しやすい場所でもあると言うこともできます。等圧線の間隔が広く風が弱いため、空気が同じ条件の場所にいる時間が長くなりますし、上空から下降してくる空気の性質は一様だからです。また、高気圧から吹き出すことにより、異なる性質の空気とぶ

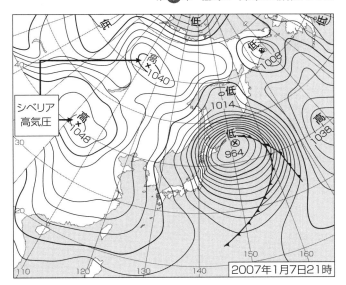

図5-22 シベリア高気圧の地上天気図

つかり合います。するとその境界では、両者の温度や湿度の対比により、それぞれが異なる気団であることがはっきりと認識できるようになります。

　図5-23に日本の周囲にできる気団をまとめておきます。気団は低緯度の暖かい気団と高緯度の冷たい気団に分けられ、さらに、大陸性の乾燥した気団と海洋性の湿った気団に分けられます。

　シベリア気団は大陸性の乾燥した気団ですが、日本海の比較的暖かい海水の上を吹くうちに、水蒸気が豊富になって、多湿に変わります。気団ができた場所から移動するうちに性質が変わることを**気団の変質**といいます。

図5-23
日本付近の高気圧と気団

シベリア気団
寒冷·乾燥
〔シベリア高気圧〕

オホーツク海気団
低温·多湿
〔オホーツク海
高気圧〕

長江気団
温暖·乾燥
〔移動性高気圧〕

赤道気団
高温·多湿

小笠原気団
高温·多湿
〔太平洋高気圧〕

🔍 温暖高気圧は背が高い

　高気圧の2つめのでき方は、図5-24のように、気柱に強制的に空気が送りこまれて重くなる場合です。亜熱帯高気圧である太平洋高気圧がこれにあたります。赤道低圧帯で上昇した空気が太平洋高気圧の上空に強制的に送りこまれて、気柱を重くしています。空気が高気圧の中心で下降するとき、断熱圧縮によって温度が上がります。地表付近が周囲より温暖な空気で占められるようになるので、**温暖高気圧**とよばれます。また、寒冷高気圧とは異なり、上のほうまで周囲より気圧が高いので、**背の高い高気圧**とよばれます。500hPa高層天気図（5700m付近）や、300hPa高層天気図（9600m付近）でも、太平洋高気圧は現れています（図5-25）。

　太平洋高気圧の中心付近の断熱圧縮されながら下降してく

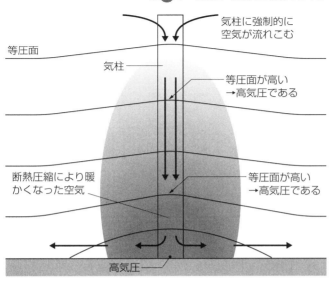

図5-24 温暖高気圧の構造

る気流は、温度が高いだけでなく、相対湿度が下がって乾燥
しています。大陸上ならば乾燥した気候をもたらしますが、
太平洋の暖かい海上を吹き渡るうちに水蒸気が増すので、高
気圧の中心から離れるほど多湿に変質するのが特徴です。こ
のようにして、太平洋高気圧から日本列島に送り出される空
気は、湿って暖かくなっており、**小笠原気団**とよばれていま
す。第4章でふれた夏の季節風は、この気団からの風です。

　太平洋高気圧は、冬には北太平洋の東に退いて弱まってい
ますが、夏が近づくと発達して、西側へ張り出してきます。
日本の南海上まで張り出した部分は、小笠原高気圧とよば
れ、これに覆われると日本は盛夏です。

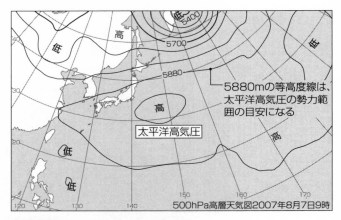

図5-25 高度5700m付近の太平洋高気圧

　太平洋高気圧の成因は、赤道低圧帯における上昇気流から始まる大気の循環によることを述べました。このため、日本付近における太平洋高気圧の盛衰は、赤道低圧帯の中でも、特に日本の南、太平洋の西部の領域から影響を受けやすいと考えられます。

　日本が冷夏の際、**エルニーニョ現象**が発生していると解説されることがよくあります。エルニーニョ現象とは、赤道低圧帯の太平洋東部（南米ペルー沖）で海面水温が平年より高くなる現象です。この現象が起こると、赤道低圧帯における上昇気流の強い場所が平年より東側へずれた位置になり、太平洋の西部（日本の南）における循環が弱まって、日本付近で太平洋高気圧が弱くなります。このため、エルニーニョ現象が発生した夏は、例外もありますが、冷夏になりやすいと考えられています。逆に、赤道低圧帯の太平洋東部で海面水

温が平年より低くなる**ラニーニャ現象**が発生した夏は、太平洋の西部における循環が強まって太平洋高気圧が強化され、猛暑になりやすいと考えられます。

🔍 偏西風波動でできる移動性高気圧

高気圧の３つめのでき方は、この章で述べてきた偏西風波動にともなってできる高気圧です。上空の気圧の谷の西側には、偏西風の収束域があり、気柱に空気が強制的に送りこまれるので、地上の気圧が高まります（図5-26）。このようにしてできる高気圧は、偏西風波動とともに西から東へ移動するので、**移動性高気圧**といいます。通常、温帯低気圧と連動して生じ、交互に並んでいます。

強制的に空気が送りこまれるという意味では、２つめの温

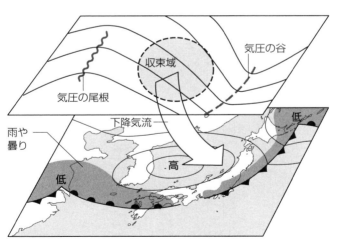

図5-26 移動性高気圧の構造

暖高気圧と同じですが、普通同じ仲間とは説明されません。というのは、上空5000m付近の偏西風の収束域から空気が下のほうに送られてできるので、背の高さはそれ以下であり、シベリア高気圧よりは高いものの、太平洋高気圧ほどは高くないからです。

　移動性高気圧の中心やその東側では、上空の偏西風からの下降気流があります。「その東側」と書いたのは、偏西風が西側から斜めに下降してくるので、下降気流は高気圧の中心から東側に偏っているためです。

　下降気流のある場所では、すでに述べてきたように、相対湿度が下がって乾燥した空気になります。ですから、移動性高気圧に覆われると、特に中心部やその東側では、からっと晴れた気持ちのよい天気になります。夜は、雲がなく、乾燥し、風が弱いので、放射冷却による気温低下が進み、季節に

図5-27
移動性高気圧の地
上天気図

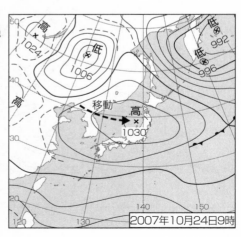

2007年10月24日9時

よっては霜や霧が発生しやすいことも特徴です。図5-27は、大きな移動性高気圧に日本列島が覆われた天気図で、この日、会津若松市などで霜が記録されました。

　日本にくる移動性高気圧が発生する中国南部は、暖かく乾燥した**長江気団（揚子江気団）**のできる場所です。移動性高気圧は、長江気団の暖かく乾燥した空気を日本のほうへ押し出しながら移動してくるという見方もできますが、上空からの下降気流のために乾燥しているという側面もあるので、どこまでが大陸性気団の影響といえるか定かではありません。

　下降気流のある中心部や東側以外の部分では、どのような天気になるのでしょうか。高気圧から南のほうへ吹く風は、南の暖かい空気とぶつかり、前線をつくっていることが多くあります。前線から北の上空へは、南からの暖かい空気が前線面に沿って昇ってきて雲をつくります。ですから、高気圧

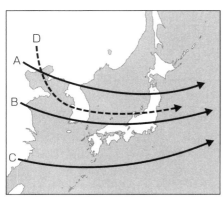

A　北日本は晴れるが、東日本で曇りや雨

B　全国的に晴れ

C　南風により気温が、上がりやすい

D　晴れるが冷たい空気をともなう

図5-28 移動性高気圧の移動コースと天気

の南の部分は雲が多くなっており、晴れるとは限りません。また、高気圧の西側では、次の気圧の谷のあることが多く、低気圧の雲の一部がかかって雨が降り始めます。低気圧がすぐにこない場合でも、高気圧の西の端は南風が吹くので、海上から暖かく湿った南風が下層に流入しやすく、雲ができて雨が降りやすくなります。

　このような移動性高気圧にともなう天気について、高気圧の通るルートとの関係でまとめたのが図5-28です。移動性高気圧は、南や西の部分に晴天をもたらさない領域があるので、北に偏って通ると、思いのほか晴れないときがあります。ただし、移動性高気圧がとても大きく、下降気流のある領域が広いものであるときには、晴天の領域もそれだけ広く、北海道から九州まで晴れさせるような場合もあります。

🔍 高層にできるチベット高気圧

　先にシベリア高気圧が地上付近に見られる高気圧であるという話をしましたが、逆に高層にだけ現れる高気圧もあります。地上の高気圧の話ではありませんが、付け加えておきましょう。

　チベット高原は、平均の標高が4500mあり、これは対流圏の中層にあたります。夏、日射が強まると、この高原が熱せられ、対流圏の中層を直接温めることになります（図5-29）。これによって、普通の大気中層よりも温度が高くなり、気柱が膨張して高くなります。ここで「気柱のセオリー」を思い出しましょう。すると、温められたチベット高原の上空では、気圧が高くなり、等圧面がもち上げられて図の（ a ）のような状態になるのです。このようにして、北半球

（a）鉛直方向の断面で見た等圧面

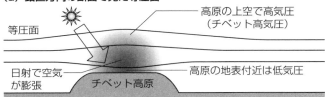

（b）平面で見た高気圧の広がり（100hPa等圧面の例）

図5-29 チベット高気圧の模式図

の夏に発生する高層の高気圧を**チベット高気圧**といいます。

　チベット高気圧の現れる高さは高度1万5000m付近の成層圏です。この高気圧は東のほうまで張り出し、日本の上空にまで達することがあります（図の（b））。このとき、小笠原高気圧と重なり合い、地上の高気圧をいちだんと強めます。この現象も、猛暑の一因として解説されることがよくあります。

梅雨はなぜ起こるのか

🔍 オホーツク海高気圧は梅雨の原因？

5～6月、日本付近に停滞前線ができ、雨の多い日が続く時期は「梅雨」と言われます。この停滞前線は、**梅雨前線**ともよばれています。1ヵ月以上にもわたって活動し続ける梅雨前線は、どのようにしてできるのでしょうか？

この理由について、南の暖かい小笠原気団と、北の冷たい**オホーツク海気団**の間に形成されると解説されているのをよく見聞きします。オホーツク海気団は、図5-23に示したように、冷たく湿った性質の気団で、オホーツク海に高気圧が生じたときに、存在がはっきりとします。梅雨についてこの2つの気団で説明することは、気団の知識で梅雨の原因をやさしく伝えるのに都合よく、「春の空気」と「夏の空気」のせめぎ合いによって前線ができていると考えることもできるでしょう。

しかしそうはいっても、梅雨の時期の実際の天気図をめくってみると、オホーツク海に高気圧がなく、オホーツク海気団からの気流が前線に入っていない場合でも、梅雨前線は存在しています。梅雨前線への小笠

梅雨前線は2つの気団のせめぎ合いでできるの？

原気団の影響は間違いないとしても、北側の気団をオホーツク海気団とするのは、やや説得力に欠ける場合があるかもしれません。

　そこで、中層や上層の偏西風や、南アジアから東アジア一帯に吹く夏の季節風とも関連させて、梅雨前線を見ていきたいと思います。すると、同じ日本でも、西と東では梅雨の性質が異なることが見えてきます。

🔍 アジアモンスーンとともに始まる梅雨

　６月から７月頃、南アジア一帯に夏の季節風であるモンスーンが吹き始めます。これは南アジアの雨期の始まりです。同時に、東アジアでは梅雨が始まります。南西の風であるモンスーンは、インドだけでなく、インドシナ半島の北部を通って、中国南部にまで達しています。また、日本の南から東には、小笠原高気圧が発達し、その西側の縁を回る南からの高温で湿った気流が入るようになります。これは、東アジアにおける夏の季節風です。

　この時期、上空の偏西風に着目すると、変化が生じています。北半球の夏は、赤道低圧帯が北半球側にずれてできるので、亜熱帯高圧帯も北側にずれ、その上空に流れるジェット気流も北へと移動します。モンスーンが始まる時期には、ジェット気流は、ヒマラヤ山脈の西側に当たって分かれ、北側にも流れるようになります。また、日射量の増えたチベット高原にはチベット高気圧が発生するので、北側のジェット気流は、チベット高原のはるか北側を通るルートへと大きく押し上げられます。風下の東アジアでは、北へ押し上げられた気流が元の緯度に戻ろうとして、ジェット気流が波打って蛇

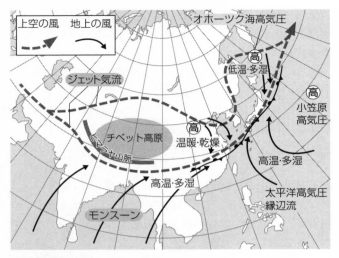

図5-30 梅雨前線をつくる気流

行します（図5 - 30）。

　このようにしてできる蛇行のパターンは、チベット高原の存在によって強制されるので、同じような形が続きます。すると、気圧の谷の西側にあたる場所では、いつも上空から吹き下りてくる気流があることになります。この気流は、日射で熱せられやすい大陸の地表に接して、高温で乾燥するようになり、中国南部で南からのモンスーンとぶつかって前線をつくります。このようにして、中国では「メイユ（梅雨）」とよばれる雨期が始まります。中国大陸上でできる前線は、気団の観点で見れば、温暖・乾燥の長江気団と高温・多湿の赤道気団の間にできたものです。

🔍 南日本や西日本の梅雨

　南日本や西日本では、中国大陸上と似ていますが、南アジア方面からのモンスーンの代わりに、小笠原高気圧の西側を回る気流と、大陸からの気流がぶつかって前線ができます。

　中国大陸上の前線は、南北の温度差があまりありません。その代わり、湿度に大きな違いがあります。天気図作成の際に前線の位置を記入するときは、温度差ではなく湿度差や風向の差を見て、どこに線を引いたらよいか判断しています。ですから、梅雨前線の西側の部分というのは、温度差のある気団の間にできる本来の「前線」とは違ったものです。むしろ、熱帯収束帯のように、気流がぶつかって収束することで雲が発生していると考えることもできます。中国よりも東にあたる西日本でも、中国大陸上の前線の性質を残しています。東へいくほど、前線をはさんだ南北の温度差が現れてきます。

　また、小笠原高気圧からの気流は、中心から外れた西の縁を回る気流ほど湿っており、**太平洋高気圧縁辺流**とよばれます。この気流は、もう少し西へいけば、赤道気団からのモンスーンに移り変わっています。南日本や西日本ではこのような湿った気流が入ることが多く、とくに梅雨の末期を中心に激しい雨となることが多くあります。

🔍 東日本の梅雨

　蛇行するジェット気流の尾根の南側には高気圧性の時計回りの渦ができ、ここに高気圧が発生することがあります。梅雨の時期のオホーツク海高気圧は、これによって発生しま

す。ここから北東の風を南に送りつけると、小笠原高気圧からの気流とぶつかって、梅雨前線の東端の部分をつくることになります。図5-31(a)は、オホーツク海高気圧のできた

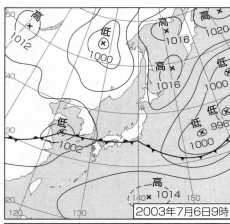

図5-31
梅雨前線の地上天気図
(a) オホーツク海高気圧がある場合

2003年7月6日9時

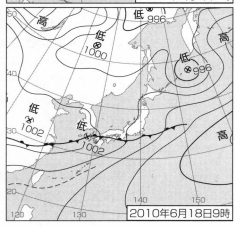

(b) オホーツク海高気圧がない場合

2010年6月18日9時

232

天気図の例です。

　オホーツク海高気圧からの気流は、北日本の東沖の冷たい海上を通ってくるため、湿って低温です。東北地方の太平洋側では、この冷たい風を「やませ」とよびます。やませが吹き続けると、低温が続き、農作物の成長に害を与えます。関東でも、この気流が入ると気温が下がります。「梅雨寒」とよばれる気温の低いしとしと雨の天気は、オホーツク海高気圧の気流が届く地域での、梅雨の特徴です。西日本や南日本の梅雨では、そのような気候になることはあまりありません。

　さらに言えるのは、オホーツク海高気圧が発生していないときも、梅雨前線は東日本にまでのびていることが多く見られるということです（図の (b)）。このような場合、西日本と同じようなしくみで前線ができていると考えることができます。日本海に高気圧があったり、上空に寒気をともなう渦があったりすることもあり、パターンはさまざまです。

　上空のジェット気流に小さな蛇行が生じると、それに対応して梅雨前線上に小さな低気圧が発生し、東へ移動します。このような低気圧の生じた部分では雨が激しくなります。

🔍 偏西風波動の超長波と異常気象

　梅雨は、ジェット気流の蛇行、つまり偏西風波動の大きな変化と関係があることがわかりました。偏西風波動は図5-11で見たように大小入り交じっています。その中でも北半球全体に2～3個という規模でできる波長の長い波動は、**超長波**とよばれ、季節変化とともにゆっくりパターンを変えています。大陸と海洋の分布に強く影響を受けているので、

季節ごとに生じるパターンはだいたい同じような形です。しかし、この偏西風のパターンが例年に比べて異なると、異常気象を引き起こすことになります。低気圧や前線と同じように上空の偏西風と関連した話題なので、この章の最後にふれておくことにしましょう。

図5-32は、偏西風波動の中でも波長の長い大きな波動に注目し、そのパターンを3つに分類したものです。（a）では、ゆるやかに蛇行しており、北に寒気、南に暖気があります。偏西風の蛇行が図の（b）のように強まると、暖気が高緯度にまで入りこんだり、寒気が低緯度にまで入りこんだりすることになります。

ときには（c）のように、偏西風波動が強まりすぎた結果、その一部がちぎれて渦になることもあります。この渦は偏西風の流れから取り残され、流されることがありません。そのため、消滅するまでの間、同じ場所に居座り続けたり、非常にゆっくりとしか動かなかったりします。この現象は、波動の東への移動を止めてしまうことから、**ブロッキング**といいます。

高気圧性の時計回りの渦の場合、地上に動きの遅い高気圧をつくり、これを**ブロッキング高気圧**といいます。梅雨のときのオホーツク海高気圧も、上空に偏西風の渦ができて動きにくくなっていますから、ブロッキング高気圧の一種です。ただし梅雨の時期の場合は毎年のようにできるので、異常気象とはいいません。

また、寒気の渦は、**寒冷渦**といいます。寒冷渦ができた地域では、上空に寒気がとどまるため、大気が不安定になり、積乱雲が多数生じて大雨を降らせることがあります。

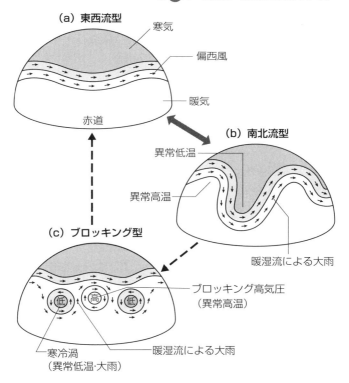

図5-32 偏西風波動（超長波）の３つのパターン

　さらに、ブロッキング高気圧の西側や寒冷渦の東側では、南からの気流が入り続ける場所ができます。地上でも南からの暖かく湿った空気が入り続けるため、低気圧や前線がないのに活発に積乱雲ができて、突発的な豪雨をもたらすことが

あります。

　では、逆に図の（ a ）のように、偏西風があまり蛇行しない状態はどうでしょうか。おだやかに思えますが、やはり例年と形が異なれば、寒くなるべき季節が暖かかったり、その逆であったりということが起こります。また、蛇行がないということは、低緯度と高緯度の熱の交換が行われにくく、低緯度では高温、高緯度では低温の異常気象となりやすいということでもあります。通常は、蛇行の大きいパターンと小さいパターンの間を行ったり来たりくり返すことで、標準的な気候になっているのです。このように、偏西風の動きを知ることは、低気圧の発達の予測に役立つだけでなく、長期の天気を予測することにも役立ちます。

　さて、次の第6章では、本章で扱った温帯低気圧とは異なる「台風のしくみ」について見ていくことにしましょう。

第 **6** 章

台風の
しくみ

宇宙から見た台風
(2022 年台風 11 号)
(画像：NASA)

台風は組織化された積乱雲でできている

🔍 宇宙と地上から見た台風

1964年に富士山頂に設置された気象レーダーは、約800km離れたところまでの雨雲の監視が可能で、台風をできるだけ遠方でとらえることを主な任務としていました。現在は引退し、富士吉田市の「富士山レーダードーム館」に移されて一般に公開されています。台風監視のために、代わって運用されているのは気象衛星「ひまわり」です。図6-1は、約3万6000kmの上空から台風を見下ろした画像です。

本州の南海上に見える白い丸みを帯びた大きなかたまりが台風で、中心付近の黒っぽく見えるのは、台風の目とよばれ

図6-1
台風の雲画像

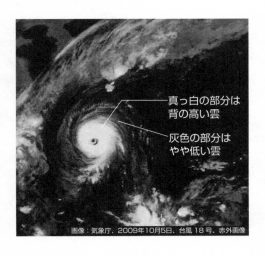

真っ白の部分は
背の高い雲

灰色の部分は
やや低い雲

画像：気象庁、2009年10月5日、台風18号、赤外画像

る部分です。台風は全体が渦巻きのように見え、中心近くの雲は真っ白に見えます。気象衛星の赤外画像では、白色が濃いほど、その部分の温度が低いことを意味しています。このことから、台風の中心近くの雲は雲頂の表面温度がとても低く、背の高い雲でできているとわかります。

　台風全体の雲域を日本列島の大きさと見比べると、直径が優に500km以上に達しており、発達した温帯低気圧と比べるとやや雲の領域が小さいものの、台風が雲の巨大なシステムであることを示しています。

　図6-2は、台風の地上天気図の例です。台風は同心円状の等圧線で囲まれた低気圧であることがわかります。温帯低気圧とはしくみが異なり前線はありません。中心の気圧は965hPaと非常に低くなっており、等圧線は中心にいくほど混み合っています。気圧傾度力が非常に大きくはたらき、中

図6-2
台風の天気図

等圧線がすごく混み合っているのはなぜ？

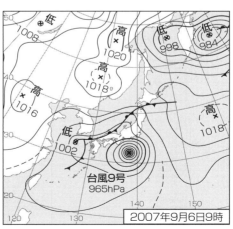

台風9号
965hPa

2007年9月6日9時

心近くで強い風の吹いていることがわかります。

　かつて日本に死者・行方不明者5000人以上の犠牲をもたらした1959年の伊勢湾台風では、潮 岬上陸時に、中心の気圧が929hPaにまで下がりました。温帯低気圧の場合、日本を通過するときの中心気圧はせいぜい990hPa程度ですから、気圧の低さでは台風が上回っています。

　気圧の低い台風の中心付近は、海面を押す気圧も低いので、気圧の高い周囲よりも海面がもち上がります。１hPa低下するとおよそ１cm上がる割合です。これに、満潮や、強風で海水が湾の奥に吹き寄せられて海面が上昇する効果が重なると、海面が異常に上昇する**高潮**が発生し、堤防を越えて海水が陸上に流れこむこともあります。

　さて、先の気象衛星画像を見て、台風をつくる雲は非常に高いことがわかりましたが、これは具体的にどのような種類の雲でしょうか？　もっと接近してみることにしましょう。図6-3は、北アメリカで見られる台風と同様の現象であるハリケーンを、上空約250kmで飛行中のスペースシャトルから撮影したものです。中心に穴のように見える目があり、そのまわりに渦巻き状の雲が取り巻く構造がはっきり見えます。

　雲のようすは、多くの部分で「のっぺり」として見えますが、これは対流圏上層に広がる巻雲の一種です。よく見ると、のっぺりした巻雲のところどころに、盛り上がるような雲が突き出ています。これは、背の高い積乱雲の頂上です。渦巻きの腕のようになっている部分には、積乱雲が並んでいることがわかります。この渦巻き状の雲の列は、**スパイラルバンド**とよばれています。

目

上層に広がる巻雲

スパイラルバンド

(画像：NASA)

図6-3 宇宙から見たハリケーンの雲（エレナ、1985年）

　台風が接近すると、風速25m/s以上の暴風や、1時間に50mmを超えるような非常に激しい雨が断続的に降るなどの気象をもたらします。台風は、どのようなしくみでそのような激しい風や雨を発生させるのでしょうか？　これから、台風のしくみを明らかにしていく上で鍵となるのは、水蒸気の凝結によって発生する熱によりできる「ウォーム・コア」とよばれる暖かい核、そして風のシステムです。

台風の雲の構造

　初めに、台風をつくる雲の構造をモデル化して見ておきましょう。図6-4は、台風の雲域のようすを立体的に透視したものです。中心の目のまわりには、円筒形の領域に密集し

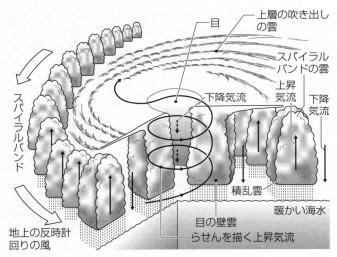

上層の吹き出しの雲

目

スパイラルバンドの雲

下降気流

上昇気流

下降気流

スパイラルバンド

積乱雲

暖かい海水

目の壁雲

らせんを描く上昇気流

地上の反時計回りの風

図6-4 台風の雲域を立体的に透視した模式図

た、高度十数kmに達する背の高い積乱雲群があり、この円筒状の雲の全体を**目の壁雲**といいます。

目の壁雲の中では、台風の中心のまわりにらせんを描きながら上昇する気流があります。目の壁雲ができるメカニズムは、台風を発達させるしくみと不可分に結びついています。これについては、章を進めるにつれ、次第に明らかにしていくことにしましょう。

目の壁雲の頂上からは、対流圏界面に沿って外側に吹き出す気流があり、この気流に沿って雲が広がっています。このような高度では、気温はマイナス数十℃ですから、雲はすべて氷晶でできた巻雲の仲間です。この巻雲は、「上層の吹き出し」の雲とよばれています。

　目の壁雲に囲まれた中心部分が目で、ここには弱い下降気流があり、風は非常に弱くなっています。一般に雲はなく、地上からは晴れた空が見えることが多くあります。「ひまわり」の画像では、海面が見えて黒く写ります。ただし、目の上空が巻雲で覆われて気象衛星画像で見えないこともあります。

　台風周囲の地上付近には、目の中心めがけて反時計回りに吹きこむ風があり、目の壁雲の下で最も風速が大きくなっています。この風に沿うように、何本かのスパイラルバンドが見られ、目の壁雲につながっています。スパイラルバンドは、積雲や雄大積雲、積乱雲の集団で、列状に形成されることから雲列ともよばれます。また、図中に矢印で示したように、スパイラルバンドを構成する個々の雲には上昇気流がありますが、その周辺には雲のない場所もあり、下降気流も存在していることを示しています。

　個々の雲は数km程度の広がりをもち、寿命も数十分程度で、それぞれ発生・発達・消滅をくり返しています。ところが、水平的な規模が数百kmにわたるスパイラルバンドの全体では、寿命は数時間以上となっており、個々の雲に比べて、空間および時間スケールが10倍程度と格段に大きくなっています。個々の雲がスパイラルバンドという集団として組織化されているわけです。

　スパイラルバンドの雲が組織化されるのは、第2章で解説したマルチセルと同様のしくみと考えられています。成熟期の積乱雲から吹き出す下降気流が、台風に吹きこむ湿った暖かい風とぶつかって新たな積乱雲を発生させています。このように積乱雲が組織化された結果、スコールラインのような

構造ができる例もすでに見ましたが、スパイラルバンドもこれらに類似したものであると考えられます。あるいは、強風の吹く中で線状に組織化されたという意味では、第4章でふれた冬の日本海に見られる筋状の雲とも似ています。

　台風の来襲時に、しばしば強い雨を断続的に経験するのは、このようなスパイラルバンドを構成している個々の対流雲の通過によるものです。スパイラルバンドが通過している間は、断続的な雨が続きます。そして通過した後は、雨はやみ晴れ間さえ見られることがあります。やがて、次のスパイラルバンドがやってくると、再び激しい雨に見舞われます。

　台風において組織化されているのは、スパイラルバンドだけではありません。台風は、その全体が、気象現象の中で最も大きな規模で組織化された積乱雲の集団です。

台風はどのようにして発生するのか

 台風はどこで発生するか

　台風のもととなるのは、熱帯で発生する**熱帯低気圧**です。温帯低気圧が暖かい気団と冷たい気団のせめぎ合いでできるのに対し、熱帯低気圧は、**赤道気団**という高温多湿の性質をもった単一の気団の中でできます。

　台風は、熱帯低気圧のうち、北半球における太平洋の西部——東経100度と東経180度（日付変更線）にはさまれた赤道より北側——にあり、中心付近の最大風速が17.2m/s（34ノット）以上のものをいいます。

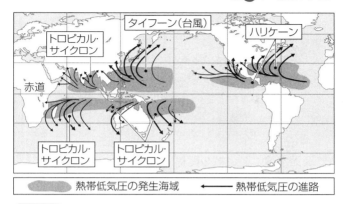

図中のラベル：タイフーン（台風）、トロピカル・サイクロン、ハリケーン、赤道、トロピカル・サイクロン、トロピカル・サイクロン

熱帯低気圧の発生海域　　←── 熱帯低気圧の進路

図6-5 　**熱帯低気圧の発生する地域と各地での呼称**

〔〔グレイ、1978年〕などを参考に作図〕

「台風」という呼び名は、国際的にも typhoon（タイフーン）として立派に通用しています。また、気象学的に台風とまったく同じ性質をもつ現象は世界の各地にあり、すでにふれたハリケーンなど、それぞれ地域によって呼び名が異なります。

　図6-5は、世界の熱帯低気圧の発生する場所と発生数、各地での呼称を表したものです。

　北アメリカの太平洋岸および大西洋岸ではハリケーン、インドの周辺ではトロピカル・サイクロン、南半球のオーストラリアの周辺およびアフリカ東岸でもトロピカル・サイクロンとよばれています。

　図中に濃い灰色で示されている発生地域を見ると、熱帯地方でのみ発生することがわかります。また、この図では区別されていませんが、日本における夏季には主に北半球で発生し、冬季には主に南半球で発生するというように、季節によ

って発生域が南北に移動します。赤道を越えて台風が移動することはありません。

　さらに、熱帯地方を東西方向に見てゆくと、一様に切れ目なくどこでも発生するのではなく、いくつかの領域に分かれており、大陸上では発生がまったく見当たりません。また、海上部分でも、南米大陸の東岸や西岸、アフリカ大陸の西岸などでは発生が見られません。これはどうしてでしょうか。

海面水温と発生域の関係

　ここで、熱帯低気圧の発生と海面水温の関係を見てみましょう。海面水温は、主に日射による加熱によって決まりますが、海流にともなう温度の異なる海水の輸送や、海面より下からの冷たい海水の湧き上がりの影響なども受けます。図6-6は、7月の海面水温の平均分布を表しています。26℃あるいは27℃を超える海域が赤道をはさむ低緯度地方に広

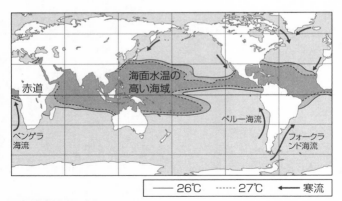

図6-6 7月の海面水温の平均分布　　　（気象庁資料を改変）

がっています。この温度の海域を図6-5と比較してみると、熱帯低気圧の発生域とよく対応していることがわかります。

　同じ赤道近くでも、南米大陸の東岸や西岸およびアフリカ大陸の西岸などでは熱帯低気圧が発生しないことを先に見ましたが、その海域は高い温度になっていないことが図の比較によりわかります。海面水温と熱帯低気圧の発生には切り離せない関係があるのです。

　ちなみに、赤道地方にもかかわらず海面水温が低い海域がある理由は、ペルー海流、ベンゲラ海流といった寒流が流れこんでいることです。寒流というのは、高緯度から低緯度に向かって温度の低い海水が流れる海流のことです。

　海面水温の高い場所では、昼夜を問わず下層付近の空気は暖かく、しかも水蒸気を多く含んでいることが、台風の発生・発達に好都合となっています。下層が暖かく湿った大気は、第2章で解説したように、潜在的に「不安定」です。たとえまだ上昇気流が生じていなくとも、下層の空気がなんらかのきっかけで上空にもち上げられれば、すぐに水蒸気が凝結を始め、そのとき放出される潜熱のために周囲の大気よりも軽くなり、自ら上昇する気流となります。海面水温の高い海域の赤道気団では、大気はそのような不安定さをもっているのです。

　下層の空気がもち上げられるきっかけは、地表付近が日射で特に強く加熱されたときがありますが、それだけではありません。低緯度の地域における独特の風によってできるものもあります。次に、低緯度の風について見ておきましょう。

熱帯収束帯で発生するクラウドクラスター

第4章の「風のしくみ」では、赤道をはさんで南北から吹く貿易風が収束する帯状の領域として、**熱帯収束帯**が形成されることにふれました。この熱帯収束帯は、季節とともに南や北に移動し、図6-7に示した例のような位置に形成されます。熱帯収束帯は、気流が収束するため、空気が強制的に上昇しやすい場所となっています。これをきっかけにして、多数の積乱雲が、不安定な熱帯海上の大気中で発達します。

熱帯収束帯でできる積乱雲の集団は、気象衛星画像でも確認することができます。図6-8の赤外画像で低緯度に見られる、真っ白に映し出された雲の集団がそうです。このように赤外画像に映し出される積乱雲の集団は、**クラウドクラスター**とよばれます。ただし、クラウドクラスターは、熱帯収束帯以外でも発生することがあります。

図6-7 熱帯収束帯 (Eastern Illinois University のHP、〔Figure 7.9 in The Atmosphere, 8th edition, Lutgens and Tarbuck, 8th edition, 2001〕から一部を抜粋)

クラウドクラスター

赤道

画像：気象庁、2010 年 8 月 31 日

図6-8　クラウドクラスター

　クラウドクラスターの水平的な広がりは数百kmの規模を
もっています。その中には積乱雲や雄大積雲など対流性の雲
が多数存在し、個々の雲はそれぞれ数十分程度の寿命をもっ
て発生・発達・消滅をくり返していますが、クラウドクラス
ター全体は組織化されており、数日程度の寿命をもって活動
し、ゆっくり移動しています。

　熱帯低気圧のほとんどは、このようなクラウドクラスター
から発生します。対流雲がバラバラにではなく、ある領域内
にまとまって発生と発達をくり返し始めると、それぞれの雲
から放出された凝結熱が次第にその領域の上空に蓄積され、
上空の空気が温まっていきます。これまで「気柱のセオリ
ー」で考えてきたように、気柱が温められると地上の気圧が
下がります。このようにして、クラウドクラスターは、地上
に弱い低圧部をつくり出します。

　低圧部が形成されると、空気が周辺から流れこみ始めます
が、地球の自転にともなうコリオリ力が作用して、右向きに

向きを変える力がはたらきます。すると空気の流れは、低圧部に向かって反時計回りに吹きこむ弱い渦巻きとなります。熱帯低気圧の発生にコリオリ力が関係していることは、図6-5における熱帯低気圧の発生域をよく見たとき、赤道の真上（緯度が約5度以下）では海面水温が高い領域にもかかわらず、まったく発生のないことから明らかです。

　そうは言っても、クラウドクラスターのすべてが熱帯低気圧になるわけではなく、どのような場合になるのかは、まだ十分に解明されているとは言えません。しかし、いったん低気圧となったあとでは、それが強力に発達していくしくみが明らかにされています。冒頭でふれたように、「ウォーム・コア」とよばれる暖かい核、および風のメカニズムがしくみを解く鍵です。次にひとつずつ説明していきましょう。

台風を発達させるしくみ

中心気圧を下げるウォーム・コアの形成

　熱帯低気圧が発達して台風になると、天気図で見たように、中心付近の気圧傾度力が非常に大きくなります。これまで「気柱のセオリー」で考えてきたように、気圧は気柱の重さで考えることができ、気柱の空気が温まると地上気圧が低くなります。したがって、ここでも、台風内部の温度分布を調べれば、何か特徴が見つかるはずです。

　図6-9は、台風の中心を通る鉛直断面での温度分布を調べたものです。この図では、温度の表示は絶対値ではなく、

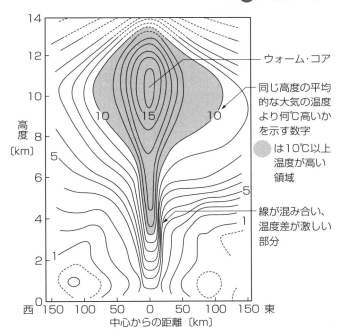

ウォーム・コア

同じ高度の平均
的な大気の温度
より何℃高いか
を示す数字

🔘 は10℃以上
温度が高い
領域

線が混み合い、
温度差が激しい
部分

高度〔km〕

中心からの距離〔km〕

西 150 100 50 0 50 100 150 東

図6-9　**台風域内の相対的な温度分布**
（『一般気象学』ハリケーン「ヒルダ」の気温偏差の鉛直断面図、〔H.
F. Hawkins et al., 1968 : Mon. Rev., 96, 617-636〕を改変）

その高度における平均的な大気の温度を基準にして、それか
らどれだけ温度が高いかを表しています。

　これを見ると、中心付近の上空約10kmあたりに、15℃も
温度の高い領域ができて、象の鼻のように下方に伸びている
のがわかります。図の下層や中層を見ると、中心から少し離
れた半径のところで線が鉛直方向に走って混み合っているこ
とから、周囲との温度差が激しいことが読み取れます。この

ように、熱帯低気圧の中心の上空に核をなして存在する、温度が高い部分を**ウォーム・コア（温暖核）**といいます。

　図の台風の中心から数十kmくらい、特に線が混み合って温度差の激しくなっている部分は、目の壁雲の最も内側（台風の中心側）にあたります。そのさらに内側が目の領域です。

　台風の中心付近では地上天気図の等圧線が非常に混み合っていましたが、これは中心付近にウォーム・コアが形成されているためです。中心付近の気柱は、空気の温度が上昇して軽くなっています。そのため、地上における周囲との気圧差が大きくなり、地上の等圧線の間隔が狭くなっているのです。

　中心付近の空気が強く温められるのは、目の壁雲が形成されて、その内部で大量の水蒸気が凝結するときに、もっていた潜熱を放出することによるものです。また、目の内側は、水蒸気の凝結を引き起こす雲がありませんが、やはり温度が高くなっています。これは、目の壁雲中で加熱されながら上層に達した空気の一部が、目の内部で下降して断熱圧縮されることによるものです。

　さて、水蒸気の潜熱がウォーム・コアをつくるとはいっても、ただの水蒸気のもつエネルギーが、半径100km以上にもわたる領域に暴風雨をもたらす台風のエネルギーをまかなっているといえるのでしょうか？　たかが水蒸気が……と思うかもしれません。ところが、水蒸気の放出する潜熱は、一般に思われているよりずっと大きなものです。ここで、雲のもたらす雨の量をもとに、どれだけ潜熱が放出されたか、その大きさを逆算してみましょう。

　１㎏の水蒸気が凝結したとき放出される潜熱のエネルギーは、2.5×10^3キロジュールです。半径100㎞の範囲内に１時間に20㎜の雨が降ったと仮定すると、総雨量は約６億トン（6×10^{11}㎏）となり、これと同じ質量の水蒸気が１時間に凝結したことになります。その際に放出された潜熱の総エネルギーは、計算すると1.5×10^{15}キロジュールで、仕事率に換算すると4×10^{11}キロワットつまり4000億キロワットとなります。日本の総発電能力は約２億キロワットですから、その約2000倍のエネルギーが１時間当たりに放出されたことになります。雲の中で放出される潜熱のエネルギーがいかに莫大なものであるかが想像できます。

風のシステムが目の壁雲をつくる

　台風のウォーム・コアが形成されるのは、中心付近が加熱される結果だとわかりました。また、その加熱の原因は、目の壁雲の内部における多量の水蒸気の凝結であるとわかりました。では、目の壁雲のような特殊な形態の積乱雲の集団はなぜできるのでしょうか？　これを解くためには、風のシステムについて考える必要があります。

　台風の風のシステムにとって要となる役割を果たしているのは、**大気境界層**とよばれる層における風の吹き方です。大気境界層というのは、地上から約１㎞程度の地表摩擦の影響が存在する層のことです。第４章の「風のしくみ」で見たように、地上付近の風──つまり大気境界層における風──は、図6-10のように摩擦力が関係して、等圧線に対して斜めに吹きます。

　ところが、大気境界層のさらに上の大気では、摩擦が無視

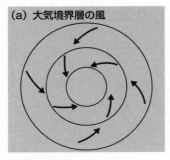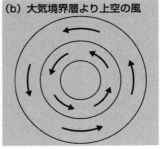

(a) 大気境界層の風

(b) 大気境界層より上空の風

図6-10 傾度風と大気境界層の風

できるために、風は等圧線に沿った方向に吹きます。すると、風は台風の中心のまわりをぐるぐると回りはしますが、中心には向かわないことになります。また、もっと上空の対流圏界面近くでは、風は外側に向かって吹き出しています。したがって、台風の周囲で中心に向かう風が吹いているのは大気境界層だけで、上空では中心に向かう風はほとんど存在していないと言うことができます。

　大気境界層で中心付近に吹きこむ風は、半径の小さいところを速い速度で回転するため、外向きの遠心力が強くはたらきます。そして、中心からある半径のところまで近づくと、気圧傾度力が内向きにはたらいていても、強い遠心力によって、それ以上中心へ向かうことができなくなります。このため、遠くから中心へ向かってやってきた空気は、やむをえず、すべてが上空に向かってらせんを描いて上昇しています。

　図6-11は、大気境界層から出発したある空気塊が、どのような軌跡を描いて中心に近づき、上昇していくのかをコン

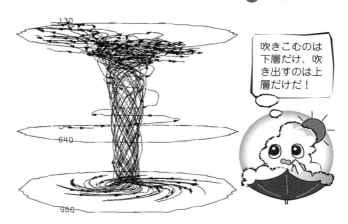

図6-11 台風における空気の流れのシミュレーション結果
（出典：〔J Monthly Weather Review, Vol.100, No. 6, p.467, RICHARD A, ANTHES〕）

ピュータでシミュレーションしたものです。

　この図を見ると、大気境界層の空気は反時計回りに回転しながら台風の中心に接近し、円筒形の狭い領域中を回転しながら上昇して対流圏上層に達し、周囲に吹き出しているようすがよくわかります。この中層にできた筒状の強い気流が、目の壁雲をつくります。

　上空で風が周囲に吹き出すのは、目の壁雲の中を反時計回りに上昇した空気が、対流圏界面付近で上昇を抑えられるためです。また、気柱が高くなった中心付近の上空には、「気柱のセオリー」によって、弱い高気圧もできています。このため、風は気圧傾度力を受けながら吹き出します。さらに、吹き出した風が中心から遠ざかるにつれ、図6-4に模式的に矢印で示したように、時計回りに向きが曲げられます。こ

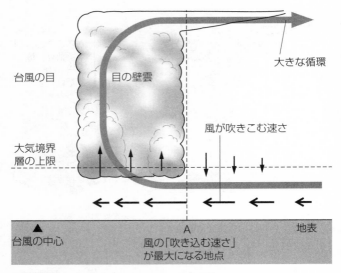

台風の目

目の壁雲

大きな循環

風が吹きこむ速さ

大気境界
層の上限

台風の中心

A
風の「吹き込む速さ」
が最大になる地点

地表

図6-12 大気境界層の風と上空の風の模式図

（『一般気象学（初版）』の資料を元に作図）

れは、風がコリオリ力を受けているためです。

　下層の風の一部は、この図には描かれていないスパイラル
バンドの雲の中でも上昇しますが、ほとんどは目の壁雲の下
にまで吹きこんでから上昇します。目の壁雲より外側でも気
流の上昇は起こりそうなものですが、次の考察から、基本的
に目の壁雲以外での気流の上昇は起こりにくいことがわかり
ます。

　図6-12は、台風を鉛直方向の断面で見たものです。水平
方向の矢印は、大気境界層内を吹く風の速さについて、台風
中心へ向かう方向の成分である「吹きこむ速さ」のみを表し
たものです。つまり、中心のまわりをぐるぐる回るだけの場

合に「吹きこむ速さ」はゼロであり、図では風の吹きこまない目のすぐ外側の縁のところで、矢印の長さがゼロになっています。一方、台風中心から遠方では、風が弱いため「吹きこむ速さ」の矢印が短く、ずっと遠方では「吹きこむ速さ」はゼロです。この２つのことから、「吹きこむ速さ」が最大となる場所は、中心からある距離だけ離れたところに必ずあるはずです。その地点をＡとしましょう。

　すると、Ａを境に、それより内側では中心に近づくほど「吹きこむ速さ」が遅くなっているので、外側からくる風が内側の風に追いついて詰まり、空気が収束します。収束した風は、地面の下に抜けることはできないので、図の鉛直方向の矢印で示すように、目の壁雲をつくる上昇気流となります。収束が大きいほど上昇気流も強くなります。

　ここで問題にしたいのは、Ａよりも外側、つまり目の壁雲より外側ではどうなっているかです。そこでは、中心に近づくほど「吹きこむ速さ」は速くなるので、空気は発散することになります。するとそれを補うように、大気境界層の上空から空気が降りてくることになります。つまりそこは、スパイラルバンドのできている部分を除けば、平均的に見て上昇気流ではなく下降気流の起こる場所なのです。

　以上の考察から、台風の風の構造を大きく見ると、図に太い矢印で示したような循環が必然的に生じ、一種の対流をつくり出しています。このように、台風の上昇気流は、目の壁雲だけに集中することが明らかです。

🔍 台風発達のポジティブ・フィードバック

　台風のウォーム・コアと風のシステムは、お互いに強め合う関係になっています。このことを整理してみましょう。

　ウォーム・コアが中心付近に形成されるにつれて上空から吹き出す空気が増大し、中心付近の地上気圧が低くなります。それに対応して、大気境界層の吹きこむ風や高層における吹き出す風が強まります。大気境界層の風は、暖かい海面から大量の水蒸気を集めた空気をより多量に目の壁雲の下へ送りこみます。すると、目の壁雲の中における水蒸気の凝結量が増し、ウォーム・コアはいっそう強化され、高層からの吹き出しも強くなります。そして、強化されたウォーム・コアによって中心気圧はさらに下がり、それがまた水蒸気を送りこむ風を強めて……というように、ウォーム・コアと風のシステムが互いに強化し合う関係にあるのです。このような、プラスからプラスに進むような過程は、一般に「ポジティブ・フィードバック」とよばれるものです。

　台風は、大気境界層内で周囲の空気を吸いこみ、目の壁雲という巨大な煙突で中層を突き抜けて上層に運び、周囲に吐き出します。この上昇気流が水蒸気の凝結を生み、その際、莫大な凝結熱を解放して積乱雲を成長させ、台風というエンジンを動かしているわけです。海面上を強風が吹き続けると蒸発量が増える効果もあり、強制的に水蒸気という「燃料」を送りこむしくみは、レース用自動車に使われる「ターボ付きエンジン」にも似ています。

　ところで、この過程で、風が等圧線を横切って吹きこみ、水蒸気を目の壁雲に送りこむためには、地表の摩擦が不可欠

です。これがなければ、風は大気境界層よりも上空と同じく、等圧線に沿って台風中心のまわりをぐるぐる回るだけになるので、水蒸気が目の壁雲に送りこまれることはないのです。一般に運動を弱めるようにはたらくと思われている摩擦力が、台風の発達の鍵になっているというのは、不思議なことですね。

　台風の循環とよく似た現象は、湯飲み茶碗に入れたお茶をスプーンでくるくる回転させてから離すと、観察することができます。お茶は、茶碗の中を回転しますが、回転によって真ん中付近では液面がくぼんだ状態になります。このとき、茶碗の底をよく見ると、茶葉のかけらがゆっくり回転しながら中心付近に集まっています。この現象は、台風の循環に地表摩擦が関与していたように、茶碗の底に接した部分でお茶の流れに摩擦がはたらくため、中心に向かう流れができているのです。はっきりは見づらいですが、真横から見ると、中心付近でお茶は上昇して、周囲に流れ、再び下降している流れもあります。なお、この場合は、現象のスケールが小さいため、コリオリ力は無視でき、その役割は遠心力になっていることを付け加えておきます。

🖊 目はどうなっているか

　嵐の中心にぽっかりと空いた円筒形の台風の目は、奇妙で巨大な気象現象です。円筒のような領域の直径は数十kmになり、ときには100kmに達することもあります。図6-13は、ハリケーンの中に気象偵察機が実際に飛びこんで、目の内側から周囲を撮影したものです。すでに述べたように、目の境界は目の壁雲です。林立した積乱雲がまさに壁のように

空

目の内側から見た目の壁雲

画像：NOAA、
ハリケーン・カトリーナ

図6-13 台風の目の内部から見た目の壁雲

見え、しかもこれは回転しています。

　台風が発達するにつれて気圧傾度力も強まるので、目の半径は小さくなり、最盛期では最小となります。これが衰弱期に入ると、気圧傾度力が弱まって広がっていきます。逆に台風の発生初期段階や勢力が弱い場合では、全体の気圧傾度力が弱いため下層の吹きこむ風も弱く、通常、目は見られません。つまり台風の目は、その台風がもつ気圧傾度力のもとで、大気境界層の空気塊が中心にどこまで近づくことができるかの臨界点と見なすことができます。

　ここで、防災上からもぜひ知っておくべきことがあります。台風が接近して目の中に入ってしまった場合、風は急に非常に弱くなります。このとき、目の中に入ったと知らないでいると、嵐が過ぎ去ったと安心してしまいそうです。しかし、やがて再び目の周辺の最も風の激しい領域が必ずやって

くるので、警戒を続けることが必要です。

台風はなぜ日本にやってくるのか

 何が台風を動かすのか

　地球大気に生じた大規模な波動や渦は、コリオリ力が緯度により異なる影響で、もともと西の方向に移動する力学的性質をもっています。詳細は省きますが、これは「ベータ効果」とよばれるものです。第5章で見た偏西風波動は西から東へ進みましたが、これはベータ効果による波動の西への伝播に偏西風自身の東への実質的な風の流れが合成され、東への流れが勝った結果の動きです。

　台風のような渦の場合は、ベータ効果に加えて、さらに自分自身で北の方向に移動する「ベータジャイロ」とよばれる性質もあわせもち、結果として北西にゆっくり進みます。このような北西への動きは、特に台風を移動させる上空の大規模な風が非常に弱いときに顕著です。

　実際の台風が発生してから移動する経路を見ると、図6-14に見るように、北西へほぼまっすぐ進んでいくものと、途中でカーブして日本のほうへ接近するものとがあります。北上する台風の進路が北東の方向に変わることを、**転向**といいます。日本への接近が多いのは、主に8月と9月です。

　台風のこのような進路は、上空の風と密接に関係しています。図6-15は、高層天気図の例です。日本付近を見ると、

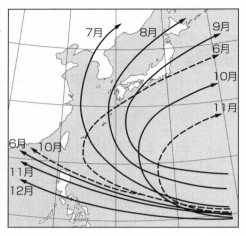

図6-14

台風の平均的進路　実線は主要経路で、破線はそれに次ぐ経路

（参考資料：気象庁資料）

東のほうから太平洋高気圧（小笠原高気圧）が西に向かって張り出しています。風は実線で示した等高度線にほぼ沿って吹いており、高気圧の南側では風は東寄りで、北側では西寄りです。台風はこの流れに乗るようにして移動します。太平洋高気圧は、盛夏に最も西に張り出すので、転向の地点も西になり、西日本のほうに大回りしながら北上します。

　秋が近づくと、太平洋高気圧が弱まって東に後退するので、転向の地点も東になり、本州に接近することが多くなります。

　転向後の台風は、偏西風帯に入ります。そこでは一般に西風が強いので、スピードをあげて北東に進むことになり、「超特急で進む」などと報道されます。

　結局、台風の経路は上空の大規模な流れに左右され、偏西風の位置および強さ、太平洋高気圧の季節変化に支配されて

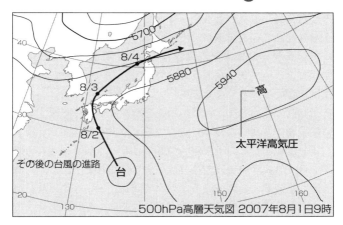

500hPa高層天気図 2007年8月1日9時

図6-15 500hPa高層天気図で見た太平洋高気圧と台風

いることがわかります。

　これまで述べたことは、あくまでも平均的な進路についてです。進路が定まらず、予想し難い台風もあり「迷走台風」とよばれることがあります。台風が迷走するのは、そのときの太平洋高気圧が弱く、上空の風が弱いことの反映です。また、台風は、進路の前方に太平洋高気圧があるにもかかわらず、それを分けるようにして進むような例も見られます。さらに、複数の台風が隣り合って存在すると、互いの相互作用が大きくなり、進路も複雑になります。

　ところで、台風を動かすと考えられる周囲の風は**指向 流**とよばれています。かつて台風の進路予報では、指向流を求めることが盛んに行われ、大気中層の500hPa高層天気図に表れている風が注目されました。しかし、台風の渦は直径が500kmを超える大きさで、しかも下層と上層で強い吹きこ

みや吹き出しの風をともなっています。周囲の風は台風の風から独立して存在するわけではなく、互いに影響を及ぼし合っています。台風はただ流されるだけの存在ではないのです。特に、スケールが大きく、勢力の強い台風ほど、影響の及ぼし合いは大きくなります。

　指向流の考え方は、台風の動きをわかりやすく解説する際には現在でも便利なので、ここでもそのような考え方で解説しましたが、正しい予想がいつもできるとは限りません。ですから、気象庁の予報業務では、すでに廃れた手法です。

　現在の台風の進路予報は、すべてコンピュータにより、力学法則に基づく「数値計算」を行って求められています。天気予報全般に用いられる「数値予報」とよばれるこの手法については、次章の「天気予報のしくみ」でくわしく解説しましょう。

　台風は東南アジア地域に多大な影響を与える気象現象です。気象庁は、東南アジア各国の気象機関を支援する「太平洋台風センター」の役割を担っており、数値予報によってはじき出した進路予報などを提供することで、アジアの防災に寄与しています。

🥄 台風の風のふるまい

　ある台風について、「雨台風」とか「風台風」という言い方がなされることがあります。しかし、これまでの議論からわかるように、雨が降らないときは水蒸気の凝結は盛んではなく、潜熱のエネルギーが供給されないので風も強くはなりません。

　ただし、最盛期に達した台風などは、新たなエネルギーの

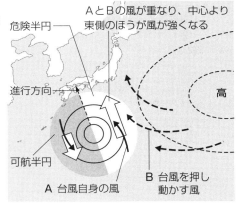

図6-16
台風周囲の風の強さ

AとBの風が重なり、中心より東側のほうが風が強くなる

危険半円

進行方向

可航半円

A 台風自身の風

B 台風を押し動かす風

高

補給がなくても、1〜2日間は、もっている風の運動エネルギーで、勢力を保ったまま進むことができます。たとえば、水蒸気の補給が少ない日本海を進み、北日本に向かうような台風は、雨よりもむしろ風の影響が顕著な場合があります。東北地方のリンゴ産地に達して、強風で多数のリンゴを落下させる被害をもたらし、「リンゴ台風」などとよばれた台風もありました。

　ここで台風の風の非対称性について述べたいと思います。実際の台風を見ると、等圧線はほとんど同心円状となっていますが、よく見るとその間隔は、中心より東側のほうが西側よりも若干狭くなっています。したがって、風も東側が強くなっています。東側の風が強いのは、台風自身がもつ風速に、北上する台風を押し動かす風が重なるからです（図6-16）。このような台風の風の分布の非対称性は、船舶が台風から避難する場合に非常に重要で、台風の進路の右側を

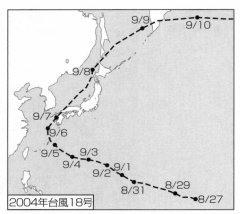

図6-17
風の被害の大きかった台風の進路

9/9 9/10
9/8
9/7
9/6
9/5 9/3
9/4 9/1
9/2
8/31 8/29
8/27

2004年台風18号

「危険半円」、西側を「可航半円」とよんでいます。「可航半円」が必ずしも航行が可能ということではありませんが、どちら側に避けるのがより危険を回避できるかの示唆を与えてくれます。

　また、台風が本州の日本海側の沿岸に沿って高速で移動するときには、風の強い危険半円が各地にかかって、風の被害を広く与えることがあります（図6-17）。このような進路を進む場合は、風の被害に注意する必要があります。先の「リンゴ台風」もそのような進路をとった台風でした。

　風の強さは、普通10分間の平均の風速を用い「風速20m/s」というように表します。平均風速が10m/sを超すと風に向かって歩きにくくなり、傘がさせなくなります。また、高速道路では乗用車が横風に流される感覚を受けるようになります。台風では「強風域」と表現される15m/sを超えると、風に向かって歩くことが困難となり、場合によっては転倒す

る人も出てきます。高速道路では、横風でハンドルをとられる感覚が大きくなり、通常の速度で運転するのが困難となります。またビニールハウスなども壊れ始めます。さらに20m/sを超えると、しっかりと身体を確保しないと転倒するようになり、シャッターも壊れ始め、風で飛ばされた物で窓ガラスが割れるようにもなります。

　台風で「暴風域」と表現される25m/s以上になると、もはや立ってはおられず、屋外での行動は危険です。街路樹なども倒れ始め、車の運転も危険な状態となります。

🔍 台風が前線を刺激すると大雨に

「台風が前線を刺激して、大雨となるでしょう」のようなアナウンスを聞くことがあります。本州の中部や日本海側に前線が停滞し、南方から台風が北上しているとき、台風の東側

図6-18
台風と梅雨前線の
地上天気図

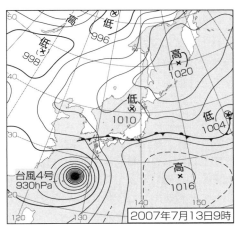

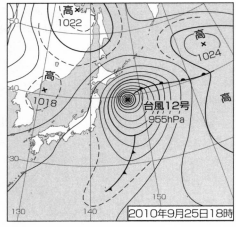

図6-19
前線の生じた台風の地上天気図　台風はこのあと完全に温帯低気圧化した

台風12号
955hPa

2010年9月25日18時

にある南からの風が前線に流れこむ場合です（図6-18）。こうなると、前線単独、あるいは台風単独よりも、激しい雨をもたらすことがあります。

　台風は最盛期を迎えた後は、一般に衰弱していきます。それは、海面水温の低い海域に達したり、上陸したりして、大気境界層を通じて供給される水蒸気が少なくなるからです。すると、前述したような台風発達につながるポジティブ・フィードバックのメカニズムがはたらかなくなります。

　また、台風が中緯度に進むにつれて、中心の西側では冷たく乾いた空気が流入し、東側では暖かく湿った空気が流入しやすくなるため、温帯低気圧のように寒冷前線および温暖前線をもつ構造に変質することが見られます。図6-19は、北上して前線が生じた台風で、ひげを生やした顔のようにも見えます。このあと、前線は中心までつながって、温帯低気圧

268

と同じ形になりました。このような変質は台風の温帯低気圧化といいます。注意すべきことは、台風は温帯低気圧化すると弱まるとは限らず、上空の気圧の谷の東側に入って再び発達することがあることです。

　台風の再発達については次のような例もあります。太平洋高気圧の西の縁に沿って北上した台風が、東へそれて弱まりながら日本の南海上を東へ進みました。ところが、太平洋高気圧の東の縁にまで達し、今度は南下して再び海面水温の高い海域に入り、再発達しながら高気圧のまわりを2周目に入ったのです。これはかなりめずらしい例ですが、迷走台風が、海面水温の高い海域に戻って再発達する例はたまに見ることができます。

第 **7** 章

天気予報の
しくみ

気象衛星ひまわり
8号と9号
（画像：気象庁）

天気予報に必要な気象観測

🔍 天気予報はコンピュータが行うのか？

　現代の天気予報は、気象学以外のさまざまな技術も貢献して成り立っています。その中心にあるのは、気象庁が所有する高性能のスーパーコンピュータです（図7-1(a)）。

　このコンピュータは、日本だけでなく世界中から気象観測データを集め、自身の内部に地球大気の現状を再現します。再現する方法は、まずコンピュータで取り扱いやすいように、地球大気を水平方向にも鉛直方向にも細かく区切った格子をつくります（図7-1(b)）。そして格子点のひとつひとつに、空気の温度、気圧、風向・風速、水蒸気量、水滴や氷晶の量などの情報を与えてやり、数値で地球大気を再現するのです。

　このとき、世界中からデータを集める必要のあることは、中緯度上空の偏西風が冬季に時速300kmにも達し、1週間くらいで地球を1周することを考えればわかります。地球の裏側の気象がたった数日で日本に影響してくるので、数日後の予報を行うには、地球大気全体を扱わなくてはならないのです。

　次にコンピュータは、各格子点で空気がどのように変化するかを計算します。この過程では、天気図を検討して低気圧や台風の動きを予想するといった、一昔前の予報官が行っていた経験的な手法、あるいは本書でこれまでに示した低気圧や台風のモデル図のようなものがプログラムされているわけ

（a）気象庁のスーパーコンピュータ（左：正機、右：副機）

数年おきに高性能のものに更新される。写真は2021年機。

（b）コンピュータが扱う地球大気のイメージ

格子ごとに数値を
与えて計算
する。

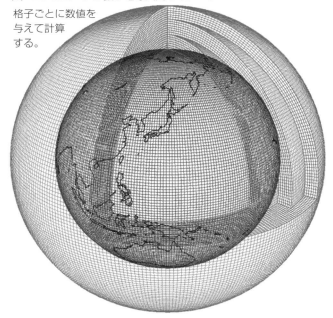

図7-1　天気予報を行うスーパーコンピュータ　　（画像：気象庁資料）

ではありません。コンピュータはただひたすら、格子点の空気について、物理的な変化を膨大な回数にわたって計算します。このような計算の結果、コンピュータは将来の地球大気の状態を各格子点の数値として出力します。すべての過程が数値計算によって行われるこのような過程は、**数値予報**とよばれています。

　コンピュータなどを使用して仮想的に実験したり体験したりすることをシミュレーションといいますから、数値予報も一種のシミュレーションです。よく思い浮かぶものには、飛行機の操縦士が訓練のために使う航空シミュレーションがあります。現実と同じ地形などの自然環境と航空機がコンピュータによって再現されており、画面を見ながら操縦するのです。操縦によって現実と同じように飛行したりトラブルになったりするので、訓練ができます。数値予報でも、コンピュータの中に再現した地球大気を、実際と同じように動かすシミュレーションを行っていると考えることができます。

　さて、「コンピュータによって予報ができるなら、気象庁の予報官も気象予報士も不要なのでは？」という疑問がわきますね。コンピュータが本当に人間抜きで天気予報をする能力をもっているのかについては、数値予報のしくみや、その限界を知ることで、明らかになるでしょう。その前にまず、数値予報の前提となる気象データがどのような観測によって得られているかを足早に見ておくことにします。

天気予報はコンピュータが出してるの？

🎙 アメダスなどで地上観測を行う

　天気予報に必要な気象観測は、全国の気象台などの観測所で行われています。そこで行われる、雲、風向・風速、気温、気圧などの最も基本的な観測は「地上気象観測」とよばれ、観測データは、国内のみならず国際的にも利用されています。

　かつて気象庁は、全国の農家などに気象観測を依頼し、その情報を集め、農業支援のための気象業務を行っていた時期がありました。その後、こうした農家への観測依頼に置き換わるようにして導入されたのが、テレビの天気予報で頻繁に耳にする**アメダス**です。アメダス（AMeDAS）は英語表記の Automated Meteorological Data Acquisition System の頭文字をとってつけられた名前で、直訳すれば「自動気象データ収集システム」という意味になります。1974年から世界に先駆けて導入され、現在では農業支援よりも、集中豪雨などの局地的な気象の監視を目的として、運用が続けられています。

　全国約1300ヵ所に無人の観測所（図7-2）が設置され、主に降水量を観測、そのうち約850ヵ所では風向・風速、気温、湿度も合わせた4つの気象要素を観測しています。また、降雪の多い地域では、積雪量も観測しています。

　観測機器や観測する気象要素は、長年の運用の中で見直されてきました。たとえば、温度計はもともと温度による電気抵抗の変化により測定する電気式でしたが、同じ電気式で相対湿度も同時に測れるものに置き換えられました。また、かつては日照計により日照時間の観測も行われていましたが、

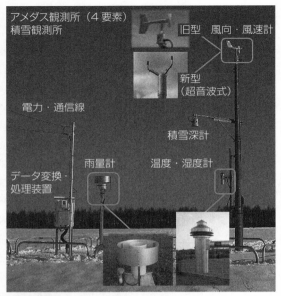

図7-2 アメダスの観測所の例　　（画像：気象庁資料）

気象衛星画像から推定できるなどの理由で廃止されていま
す。プロペラがついた飛行機のような形でなじみのある風
向・風速計も、外観が異なる超音波式のものに置き換わりつ
つあります。超音波式は、間隔を空けて配置した数個の超音
波の送受信器の間で空気が運動したときに、超音波の到達時
間に変化が生じることから、風向・風速を測定します。今後
も機器は更新され、見直されてゆくことでしょう。

　アメダスのデータは、気象台などにおける気象観測データ
とともに、数値予報の際に入力されるデータとして利用され

るなどします。またそれだけでなく、降水量や気温の分布などを地図に示した資料などとして随時発表され、気象庁のWebページでいつでも見ることができます。降水量が、土砂災害の発生の危険が生じる量に達している場合などは、コンピュータが気象注意報や警報の「案」を出すようにプログラムされています。予報官は、その案に基づいて最終的な判断を行い、都道府県に通知したり、関係する市町村に詳細な情報を提供したりするほか、報道機関を通じて発表します。

　また、地上気象観測には、**雷監視システム**（LIDEN：LIghtning DEtection Network systemの略）もあります。全国数十ヵ所に設置された雷検知局で、雷の放電によって生じる特徴的な電磁波を観測し、コンピュータが分析して雷の放電のあった地点を地図上に表示するシステムです。複数の雷検知局が同じ雷放電を観測したとき、観測時刻のわずかな違いがあり、これは距離の差を示しています。3つないしは4つ以上の雷検知局の観測があると、観測時刻の差から放電が起こった地点を数学的に割り出すことができます。主に航空機の安全な運行のために利用されています。

🖌 ゾンデで高層観測を行う

　数値予報を行うには、コンピュータに入力するデータとして、地上だけでなく上空の気象データが不可欠です。そのため、独自の高層気象観測が必要になりますが、これにはいくつかの方法が併用されています。

　そのひとつとして、「ラジオゾンデ」とよばれる観測機器があります。水素あるいはヘリウムガスで膨らませたゴム製の気球に、気圧、気温、湿度を観測するセンサーを搭載した

図7-3 レーウィンゾンデの飛揚風景（八丈島）

小箱をつるして飛ばします。気球の観測装置は上空の気象を探索（ドイツ語のsonde）し、地上に無線（英語のradio）で送信されることから、ラジオゾンデとよばれます。気球は毎分300m程度の速さで上昇し、高度約30kmまで観測できます。

　ラジオゾンデは、気圧、気温、湿度の観測装置ですが、これに風を観測するしくみを合わせた観測機器を**レーウィンゾンデ**といいます。レーウィンは「ra（dio）win（d）」の略で、無線を使った風の観測という意味です。図7-3は、レーウィンゾンデを飛ばすときのようすです。日本でこれを行う観測所は十数ヵ所あり、全世界では約800ヵ所あります。この

ほか、気象庁の観測船にも搭載されています。これらの高層
気象観測は、数値予報に必要不可欠なデータを得ることがで
きる重要なものであり、世界中で時刻を合わせて1日2回行
われています。

　ところで、どのようにすれば無線によって、気球の高度や
地図上の位置を知ることができるのでしょうか？　これは、
気球が地上から放たれて上空へ向かうとき、気温、湿度、気
圧がどのように変化していくかの情報から、計算式を使って
高度変化を推測することで求めています。また、得られた高
度の情報と、電波のくる方向をパラボラアンテナで探知して
その情報を合わせると、地図上の位置も特定することができ
ます。このような方法で位置がわかれば、その時間変化で、
気球を移動させている風の風向や風速もわかります。

　近年は、気球の高度や位置を知る方法として、カーナビゲ
ーションシステムに使われるGPS受信機を搭載するGPSゾ
ンデが採用されています。気球に搭載したGPS受信機が、
地球を回るGPS衛星のうち異なる3〜4個からの電波を受
信して、自分の位置や高度を割り出します。

　レーウィンゾンデの気球は、限界まで上昇すると、最後に
は破裂して、パラシュートが開きながら地表に落下します。
観測装置は厚い弁当箱程度の大きさの発泡スチロール製の容
器に、観測のためのセンサーがついた電子基板と電池を組み
こんだもので、軽いので落ちてきても危険はありません。1
回の観測にかかる費用は3万円くらいです。偏西風で流され
て海に落ちるのが通常ですが、日本海側の石川県輪島の測候
所から飛ばされた観測装置が東京で回収されたという例もあ
ります。

🔍 ウインドプロファイラで高層気象観測を行う

　気球を飛ばさないでも上空の風を観測する方法がありま
す。**ウインドプロファイラ**は、地上の装置から、高度約
10kmまでの風向や風速を観測でき、上昇流や下降流も観測
できます。全国に約30ヵ所あり、空のアメダスともよばれ
ています。

　ウインドプロファイラの観測の原理を知るには、まずドッ
プラー効果を理解しなければなりません。ドップラー効果
は、電波の発信源と観測者が、相対的に近づいたり遠ざかっ
たりしている場合、観測される電波がもとの波長よりも短く
なったり長くなったりするという現象です。音についてもド
ップラー効果は起こります。サイレンを鳴らしながら走る救
急車のサイレンの音は、近づいてくるときは高く、遠ざかる
ときは低く聞こえます。

　これと同じことが、物体に当たって反射して戻る電波につ
いても起こります。身近で利用されているものでは、「スピ
ードガン」があります。これは、投げられた野球のボールな
どに向かって電波を当て、反射してくる電波の波長の変化か
ら、ボールが向かってくる速さを割り出すというものです。

　ウインドプロファイラもスピードガンと同じ原理です。上
空に向かって電波のビームを発射します。すると、温度、湿
度などの不均一から生じる大気の屈折率の微小なゆらぎによ
って、電波が反射されて観測装置に戻ってきます。この波長
の変化を調べて、上空の風向や風速を導き出します。

　本来ドップラー効果で調べられるのは、観測装置に近づく
運動と遠ざかる運動だけですが、図7-4に示すように、電

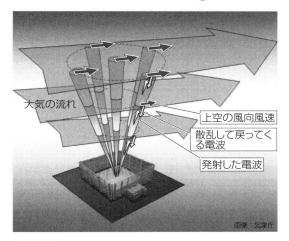

大気の流れ

上空の風向風速

散乱して戻ってくる電波

発射した電波

画像：気象庁

図7-4 ウインドプロファイラ

波のビームを少し傾けて5方向に発射することにより、上昇・下降流を含む風の3次元的な動きを観測しています。このようにして得られた風の観測データは、数値予報のデータとして利用されるほか、上空の風の変化から前線の通過を知ることなどにも活用されています。

　ウインドプロファイラは、風が吹いている実際の場所から離れたところで気象を観測できる画期的な方法でした。遠隔地からの観測方法は、総称してリモートセンシングとよばれます。

気象衛星は雲だけを観測しているのか

　気象観測に利用されるリモートセンシングの代表といえば、なんといっても気象衛星です。気象衛星の画像について

は、これまでの章でも雲画像を取り上げてきました。

　人工衛星の打ち上げは1957年に打ち上げられた旧ソ連のスプートニクが最初です。筆者のひとり古川は、気象庁に勤務していた1961年に、大阪港に寄航したアメリカ艦船の気象作戦室を見学する機会がありました。そのとき目の前でファックス受信されたのは、当時まだ存在を知らなかった気象衛星で撮影された地球の雲画像だったので、非常に驚きました。スプートニクからわずか2年半後の1960年には、アメリカによって世界最初の気象衛星「タイロス1号」が打ち上げられていたのです。

　日本では1977年に気象衛星「ひまわり」が打ち上げられ、その後2号、3号……と交代を繰り返し、気象観測以外に航空管制にも利用する「運輸多目的衛星」となり運用された時期もありました。2023年には「ひまわり9号」が運用されていますが、今後も、数年おきに次世代機に交代していくことでしょう。

　気象衛星には、静止衛星と極軌道衛星の2種類があります（図7-5(a)）。前者は、地球の自転周期と合わせて地球を周回するように、赤道の上空の軌道を西から東に飛行しています。そのため、地上から見るといつも同じ場所に見えます。このような人工衛星の飛行が実現するのは、必ず赤道上空の高度約3万6000kmの軌道と決まっています。この軌道は、地球半径の5.6倍ですからけっこう離れた距離です。赤道上空の静止衛星から地球を見たとき、地球は球体なので、中緯度の日本はやや斜めからの観測になります。高緯度へいくほどより斜めになるので観測が難しくなります。

　一方、極軌道衛星は、地球をほぼ南北に周回しています。

（a）静止軌道と極軌道

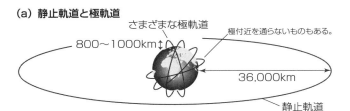

（b）静止軌道の衛星

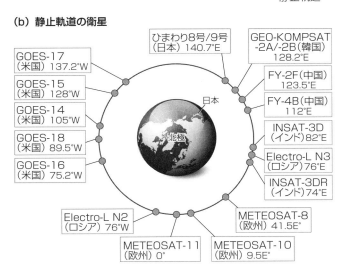

（c）極軌道の衛星

米国………	NOAA-15 / -18 / -19 / -20 / DMSP-F17 / -F18 / "ATrain"（OCO-2 / GCOM-W1 / Aqua / Aura）/ Suomi-NPP / TRMM / JASON　など
ロシア……	Meteor-M N2 / N2-2　など
欧州………	Sentinel-3 / Metop-B / -C　など
中国………	FY-3C / -3D / -3E　など　※極軌道衛星は他にも多数ある。

図7-5　**世界の気象衛星**（2022年12月時点、出典：気象衛星センター資料）

もちろんこのような軌道では、衛星は地球上からは静止して見えません。静止衛星よりもずっと低い高度800〜1000kmの軌道から観測を行っています。地球を1周する時間も短く、数時間です。日本は、極軌道の気象衛星をもっていませんが、アメリカの極軌道衛星などが観測したデータを受信して、利用しています。

　気象衛星が導入されてから数十年が経ち、各国の技術が進歩して、現在では、静止衛星、極軌道衛星ともに、気象衛星は非常に多くの数になりました（図7 - 5(b)(c)）。世界気象機関（WMO）のWebページに掲げられている気象衛星（地球観測衛星）のリストを見ると、運用中のものだけでも100を超えています。

　ところで、「ひまわり」の画像は、デジタルカメラのようにシャッターが切られて、全体像が一度に写真として撮影されるものではありません。衛星に搭載された観測用のセンサーは、地球表面の1点からくる可視光や赤外線の強度を測定します。そして、その測定する点を東西方向に少しずつ動かしていきます。地球の端まできたら、わずかに緯度を変えてまた同じように東西方向に測定していきます。このようにして折り返しながら地球半球の全体をスキャン（走査）するのです。家庭用スキャナーやファックスが文書を端から順に読みこむのと似ていますが、それよりももっと時間がかかります。地球の半球分をスキャンする「全球画像」の場合、観測時間は10分程度です。

　かつての旧世代の「ひまわり」は、機体が常にスピンしており、この回転を利用してセンサーが地球表面を端からスキャンしていく方式でした。世代交代がくり返される中で、機

体のセンサーのある側が常に地球に向く方式へ改善され、センサーに備えたミラーを制御して地球表面をスキャンしています。今後も観測用のセンサーの方式は変わっていくかもしれません。

　衛星が観測した生のデータは、地上基地で受信されたあと、東京都にある「気象衛星センター」に送られて処理され、そこでやっと画像として表現されます。「ひまわり」の観測によって得られる画像には、可視画像、赤外画像、水蒸気画像があります（図7-6）。可視画像は、可視光の反射を測定して得られる画像なので、人の目で見た画像と同じです。

　赤外画像は、温度の高いところが黒く、温度の低いところが白く表現される画像になり、高い雲ほど温度が低いので白く見えます。赤外画像を得る原理については、第3章において、地表から大気を素通りして宇宙に逃げる「大気の窓」とよばれる特定の波長の赤外線の話と関連させてすでに解説しました。大気の窓の赤外線を選んで宇宙から観測すれば、雲の分布の赤外画像が得られます。

　水蒸気画像は、赤外画像と同じく赤外線による観測ですが、水蒸気によってよく吸収される特性をもった波長を選んで観測しています。地表から放射される赤外線が大気中層の水蒸気によって吸収されますが、その吸収される割合が水蒸気量の大小によって異なるので、大気中層の水蒸気量を画像に表すことができます。水蒸気そのものを見ているのではありませんが、目に見えないはずの水蒸気量の分布が画像になるのは不思議な感じです。

　赤外画像や水蒸気画像は、激しい雨をもたらす背の高い積

可視画像

赤外画像

水蒸気画像

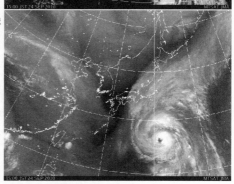

図7-6 3種の気象衛星画像 （画像：気象庁）

乱雲の発生や水蒸気の流入を予報官が知るのに役立っています。しかし、雲の表面温度や水蒸気量の分布といった気象情報を含んではいるものの、そのままでは数値予報に必要な数値までは得られません。

そこで、「ひまわり」の画像を分析することで、数値予報に役立つ「衛星風」とよばれる上空の風の情報を引き出しています。雲は一般に周囲の空気の流れに乗って移動するので、これを利用して、注目した下層や上層の雲の時間当たりの移動距離から風向と風速を近似的に求めています。

また、アメリカの極軌道衛星は、大気の温度の鉛直分布を観測する能力があり、この観測データを日本も利用しています。大気の温度分布から気圧の分布を推定すると、高層では等高度線に沿って風が吹くという考え方から、風向と風速を推定することができます。

このようにして、衛星によるデータを分析することにより、数値予報において必要な入力データを得ます。このような方法は、特に、もともと観測所が少ない海洋上の観測を補うものとして有効に活用されています。

7-2
コンピュータはどのように予報を行うのか

🔍 コンピュータで地球大気を再現する「客観解析」

本章の冒頭でふれたように、数値予報は大気の状態をコンピュータの中で再現し、物理法則に基づいてシミュレーションする方法です。これから数値予報について、図7-7に示

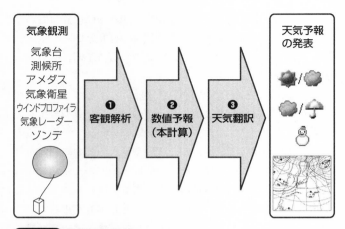

図7-7 数値予報の流れ

【図中テキスト】
気象観測
気象台
測候所
アメダス
気象衛星
ウインドプロファイラ
気象レーダー
ゾンデ

❶ 客観解析

❷ 数値予報（本計算）

❸ 天気翻訳

天気予報の発表

す3つの段階に分けて解説します。

　初めの段階は、コンピュータに与える初期データの準備についてです。コンピュータの中で大気を扱うには、図7-1で示したイメージのように、大気を格子に区切って、それぞれの格子点に温度や気圧などの気象データを与える必要があります。

　現実の大気の温度や気圧などは、格子点だけに存在しているわけではなく、その間の空間を連続的に変化していますから、できるだけ細かい格子にしたほうが実際の地球大気に近づきます。また、数値予報の結果は、各格子点の温度や気圧などとして出力されるので、格子の細かさは予報のきめ細かさにもつながります。ところが、格子を細かくしすぎると、それだけ計算の量が増えて時間がかかり、24時間後の予報を計算するのに24時間かかるというような、意味をなさな

いことになりかねません。予報の時間的・空間的な広がり
や、コンピュータの能力に合わせ、適正な細かさにする必要
があります。

　日本の気象庁に数値予報が導入されたのは1959年で、ス
ウェーデン、アメリカ、旧ソ連につぎ、世界で4番目と言わ
れています。当初は現在のパソコンにも遠く及ばない性能の
コンピュータでした。その後、5年から8年ごとにバージョ
ンアップをくり返して、2021年から使われているスーパー
コンピュータは1秒間に約20ペタフロップス（1ペタフロ
ップスは1000兆回を表す）という膨大な計算を行う性能を
もっています。地球大気全体をシミュレーションの対象とす
る「全球モデル」（2007年から使用）の場合、大気を鉛直方
向には128層に分け、水平方向には1辺20kmに分けた格子
が使われています。

　格子点の数は膨大です。これらの格子点のすべてに対して
温度、気圧、水蒸気量、風向・風速などの数値を与えなけれ
ばなりません。必要なデータを集める気象観測については、
すでに述べましたが、これだけ数の多い格子点に対応したデ
ータがすべて準備できるのだろうかと、不安に思った読者も
いることでしょう。その不安は的外れではありません。海洋
上など、観測があまり行われていない領域もあります。ま
た、格子点と実際の観測点は、一般に位置が一致していませ
ん。さらに、航空機などから随時送られた観測データには、
他とは観測時刻のずれたものもあります。

　このように、データが空白になっていたり、空間的、時間
的にずれていたりする場合でも、すべての格子点に同時刻で
のデータをきっちりと与えなければ、数値計算を始めること

はできません。そこで行われているのは、時間的・空間的に近い周囲のデータから、適切な方法で推測して、足りないところを埋めるデータをつくり出すことです。その際、直近の過去に行われた数値予報の結果を、推定値として利用することも行われています。

このように、入手されたすべての観測データを調整して、数値予報の初期値として入力するデータをすべてそろえる作業を**客観解析**といい、一般的な情報処理の用語では「データ同化」ともいいます。客観解析は、現状の地球大気をコンピュータの中に再現する作業とも言えます。客観解析の結果をもとにして、現況の気象を表す各種の天気図がつくられます。しかし、次の段階の数値予報に使われるのは、この天気図ではなく、あくまでも各格子点に与えられた数値です。天気図は、予報官が現況を把握したり、気象予報士が解説したりするための資料となります。

また、客観解析に用いる観測データは、使う前にさまざまな角度から品質管理を行い、誤観測の除去や修正も行われています。たとえば、ラジオゾンデの観測データでは、気球が積乱雲の中に突っこんだ場合、非常に局地的な影響を受けてしまい、間隔20kmの格子点付近の大気を代表するデータになっていない可能性があり、補正が必要です。

このような客観解析の結果が地球大気を正確に表現しているかどうかは、その後に行われる数値予報の精度に大きな影響を与えます。この非常に煩雑で量的にも膨大な作業は、もちろん予報官が行っているのではなく、スーパーコンピュータにより自動化されて行われています。もちろん、客観解析の精度を上げるには、観測点を増やして空白をなくし、観測

の精度を上げる努力も不可欠です。

数値予報の計算手法と「カオス」

　２番目の段階は、数値予報の本番です。客観解析によりすべての格子点の初期値が用意されると、数値予報の本計算を行います。このときに使われるプログラムのことを「数値予報モデル」とよびます。数値予報モデルには、地球大気全体をシミュレーションする「全球モデル」のほかに、もっと限られた区域だけを扱うモデルもあります（表7-1）。しかしここでは、全球モデルを中心に、数値予報モデル一般について述べることにします。

　数値予報モデルには、地球表面の地形などのほか、図7-8のような法則や方程式を基にした、連立方程式が組みこまれています。式に表されている変数は、温度、気圧、風の速度（東西、南北、鉛直方向の成分）、水蒸気量、雲の水量（氷を含む）です。

　この連立方程式は、数学的に「非線形」とよばれる複雑な形になっており、中学校、高校で誰もが学んだ連立方程式のようにすっきりと解くことはできません。

　ただし、各変数に初期値を与えると、ほんの少し先の時間後に各変数がどのような値に変化するかを導くことだけはできます。そこで、そのように導いた値を新たな初期値として用い、さらにほんの少し先の値を導きます。この過程を、小刻みな時間間隔で何度もくり返していくことで、知りたい時間後の値を導くのが数値予報の計算手法です。

　時間間隔は、全球モデルの場合10分です。84時間あるいは216時間先まで予報しており、くり返し数は約500回ある

数値予報システムの略称	モデルを用いて発表する予報	予報領域	格子間隔	予報期間（実行回数）
局地モデル	航空気象情報 防災気象情報 降水短時間予報	日本周辺	2 km	10 時間 （毎時）
メソモデル	防災気象情報 降水短時間予報 航空気象情報 分布予報 時系列予報 府県天気予報	日本周辺	5 km	39 時間 （1 日 6 回） 78 時間 （1 日 2 回）
全球モデル	台風予報 分布予報 時系列予報 府県天気予報 週間天気予報 航空気象情報	地球全体	13km	5.5 日間 （1 日 2 回） 11 日間 （1 日 2 回）
メソアンサンブル予報システム	防災気象情報 航空気象情報 分布予報 時系列予報 府県天気予報	日本周辺	5km	39 時間 （1 日 4 回）
全球アンサンブル予報システム	台風予報 週間天気予報 早期天候情報 2 週間気温予報 1 ヵ月予報	地球全体	約 27km または 約 40km	5.5 日間 11 日間 18 日間 34 日間
季節アンサンブル予報システム	3 ヵ月予報 暖候期予報 寒候期予報 エルニーニョ監視速報	地球全体	約 25km または 約 55km	7 ヵ月

表7-1 数値予報モデルの例　　　　（2023年時点の例、気象庁資料）

スーパーコンピュータと予報システムのバージョンアップごとに、予報モデルは変わっていくよ。

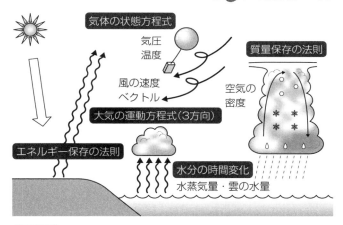

図7-8 数値計算に使われる法則や方程式

いは約1300回に及びます。格子点の数の多さに加えて、このようなくり返しの計算を行わなければならないので、数値予報には高性能のコンピュータが不可欠となっています。

　大気の運動を表す方程式が非線形であることは、大気現象が本質的に**複雑系**とよばれる現象であることと関係しています。複雑系とは、要素が多数集まって、複雑に関係し合いながらまとまっているようすを表す言葉です。

　本書のこれまでの内容から、大気現象が複雑系であることの例を1つあげてみましょう。台風の強い風は目の壁雲の積乱雲内の水蒸気凝結によるエネルギーで生じているのでした。しかし逆に、台風の強い風が目の壁雲の積乱雲に水蒸気を送りこむことで、凝結をうながしているとも言えます。台風において、「風」と「水蒸気の凝結」は、互いに原因でもあり結果でもあるという関係で、相互作用しています。

「風」や「水蒸気」は、先の方程式の９つの変数の一部です。さらに「温度」「気圧」などすべての要素が複雑に関係し合いながら、台風という現象が起こっています。

　さて、複雑系の大気の運動を予測するとき、数式がすっきりとは解けないで小刻みなくり返し計算が必要ということ以外にも、非常に深刻な問題があることにもふれなければなりません。それは**初期値敏感性**とよばれる性質です。

　これを木の葉を落下させる例で説明しましょう。空気中で木の葉をある決まった１点から落とし、その後の運動や落下点を予想しようとします。木の葉が落下するとき、周囲の空気との摩擦があるので、木の葉は空気から力を受けて向きや速度を変化させます。また、木の葉の動きにより空気には渦や風が生じます。その渦や風は、さらに木の葉の動きを変えます。つまり、木の葉の運動と周囲の空気の運動は、複雑に相互作用する関係です。このような場合、同じ１点からまったく同じ条件で木の葉を落としたつもりでも、木の葉がまったく同じような落ち方をすることはありません。落とすときのほんのわずかな違いによって、結果はまったく違ってきます。このように、初期値がほんのわずか異なるだけで、将来の運動の道筋がまったく異なってしまう性質が初期値敏感性です。

　数値予報に当てはめれば、初期値のわずかな違いが、やがては非常に大きな違いとなりうることを意味しています。

　複雑系の現象が初期値敏感性をもつため将来の予測が一義的に決定できないことは、**カオス**（chaos＝混沌）とよばれます。カオスは、1960年代初頭にE.ローレンツが対流を表す非線形の方程式を用いた数値実験によって発見しました。

「バタフライ効果」という言葉を聞かれたことがあるかもしれません。この言葉は、彼が大気の予測可能性に関して「ブラジルで 1 匹の蝶が羽ばたくとテキサスで大竜巻が起こるか」というタイトルで行った研究発表に起因しているようです。蝶の羽ばたきによる大気の微小な乱れが、遠く離れた場所で竜巻が起こるかどうかに関与しうるという初期値敏感性を表した言葉です。

　大気などの対流がもつ初期値敏感性は、次のような実験で明らかにされています。ある液体を平たい板の上に薄く広げてためておき、下の板を一様に加熱します。すると、細かなセルに分かれた対流が液体中に多数生まれますが、その対流はある温度のときに筋状に並んだロール状の構造になります。ちょうど本書の図4 - 26で示した、冬の日本海にできる筋状の雲をつくるらせん状のベナール対流と同じです。このような対流の回転する向きは安定しておらず、途中で何度も不規則に反転をくり返します。しかも、けっして同じ対流はくり返されません。どのような対流が実現するかには初期値敏感性があり、もし数値予報で日本海の雲のでき方を予想しようとしても、初期値にわずかな誤差が含まれているだけで結果がまったく違ってしまうことになるのです。

　数値予報の結果に初期値敏感性がどのように現れているかを図7 - 9で見てみましょう。これは、台風の中心位置を数値予報で予想したものです。図に示されたたくさんの進路は、わずかに初期値を変えた11通りの予想を表しています。最初のうちは、予想はそれほど違っていませんが、ある程度時間が経つと、初期値による違いが非常に大きくなっています。

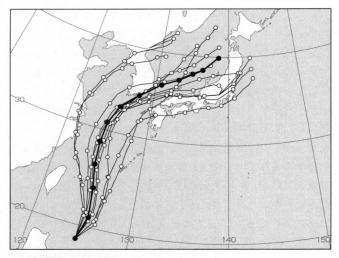

図7-9 台風の進路を予想した数値予報結果

（気象庁資料を元に作図）

　つまり数値予報は、初期値がわずかに違っても短期の予報はほぼ一致しますが、長期ではばらつきが大きくなります。これは数値予報の原理的な限界を表しています。しかし、長期の予報も必要とされていることから、次のような「アンサンブル予報」とよばれる工夫が行われています。

　アンサンブル予報は、初期値敏感性を克服して、なるべく予報期間を長くするべく開発された技術です。この基本的な考え方は、まず、実際の観測データだけでなく、わざと少しずつずらした多数の初期値を用意して、それぞれの初期値について独立に通常の数値予報を行います。そして、予報結果のばらつき具合から、最も実現性の高い予報を見出すので

す。結果にばらつきはあっても、極端に他とは異なるものだけ除外したり、残ったものを平均化したりすると、ある程度「確からしい予報」を見つけ出すことができます。先の図7−9は、1本だけ太い線が描かれていますが、これがアンサンブル予報の結果です。

　週間天気予報と1ヵ月予報、台風予報などでは、アンサンブルの手法が用いられた数値予報モデルが使われ、いずれも数通りから数十通りの初期値で数値予報を行っています。計算回数が多いので、これらのモデルでは、格子点の数を「全球モデル」より少なくして、計算の負担を減らしています。

　このように、数値予報は、長期の予報では限界がありながらも工夫して、かなり高い信頼度で結果を出します。数値予報結果は、気温、気圧、風などの要素が格子点上の値として得られるので、**格子点値**あるいはGPV（Grid Point Value：ジーピーブイ）とよばれます。

　その後、コンピュータは、数値予報の結果を天気図の形に表現し直した各種の「予想天気図」も描画して出力します。これを見ると、低気圧の位置や雨域の広がりなどの状況がわかります。

🖋 数値予報の結果を天気翻訳する「ガイダンス」

　数値予報の結果である格子点値や予想天気図は、そのまま天気予報になるかというと、そうはなりません。次に3番目の段階があります。計算しやすさのため、数値予報モデルに表現されている地形は簡略化されており、実際の地形との間には違いがあります。また、発表される天気予報に必要な「晴れ」や「曇り」、「霧」、「最高・最低気温」、「降水確率」

などは、数値予報の格子点値としては出てきません。さらに、天気予報で「千葉県北西部」「京都府北部」などと表される予報区や、東京大手町といった代表地点に対応した予報はできていません。

このような事情から、数値予報がはじき出した結果は、人が利用できる天気予報となるように、後処理を行う必要があるのです。このような作業は**天気翻訳**とよばれており、翻訳の結果作成される資料を**ガイダンス**あるいは予報支援資料といいます。ガイダンスは、数値予報モデルの計算が終了すると、その格子点値を用いてコンピュータが自動的に計算して出力します。

ガイダンスの作成の例として、東京大手町の最高気温を求める場合を見ましょう。まず、大手町の過去の最高気温と上空3000mなどの格子点値（風向・風速や温度、湿度など）の統計資料を分析し、それらを結びつける関係式をあらかじめ求めておきます。そして、その関係式に、新たな数値予報結果である上空3000mの格子点値を代入すると、大手町における最高気温の予想値が求まります。ガイダンスには、このようにして求められた代表地点の最高気温が書かれています。また、関係式に表されている係数は固定されておらず、常に予測結果と実際の観測値の間に生じた誤差を計算し、それが最小になるように調整されます。この調整の作業もコンピュータによって自動化されています。

さらに、発表される各地方の天気予報の案文さえもコンピュータによって自動的に作成されており、ガイダンスは天気予報を行う予報官や気象予報士が頼りにする「虎の巻」のようなものです。これらのガイダンスは、気象庁の内部だけで

なく、民間の気象事業者にも配信されています。各メディアの天気予報がほとんど同じなのは、このような事情による影響なのかもしれません。

いろいろな天気予報

 雨をきめ細かに予報する

　天気予報の最も重要な役割のひとつに、大雨による災害を防ぐことがあります。「集中豪雨」とか「ゲリラ豪雨」とかよばれる短時間で狭い地域に集中して降る雨に備えるには、時間的空間的にきめ細かい予報が必要です。気象庁は、数値予報モデルの解像度（格子点の細かさ）をさらに向上させることに取り組んでいます。

　表7-1に掲げた数値予報モデルのうち、最もきめ細かいのは「局地モデル」で、格子点の間隔は2 km、10時間先まで、1時間おきに新しい予報が出されます。このモデルには、上昇気流や水蒸気の凝結、雨や雪、あられなどの落下といった雲の中で起こる現象によってもたらされる効果が取り入れられています。

　特に、頻発するようになってきた線状降水帯（第2-3節）の発生を予報するため、性能の高い専用のスーパーコンピュータが導入され、局地モデルを用いた予報が開始されました（2023年）。今後のスーパーコンピュータの性能アップにともない、さらに解像度の高い数値予報モデルに置き換わっていくことでしょう。

ところで、数値予報だけが、雨を予報するというわけでは
ありません。アメダスの観測結果は随時雨の状況を観測して
いますし、これから述べる気象レーダーも雨を監視していま
す。これらを利用すると、数値予報ではできなかったきめ細
かい予報が、短時間に限ってではありますが可能です。

気象レーダーとアメダスの連携

　気象レーダーは、遠隔地から雨を観測することができるリ
モートセンシング技術のひとつです。パラボラアンテナを用
いて電波をビーム状に発射し、雨粒に当たって戻る電波を受
け取ります。反射して戻るまでの時間から雨粒までの距離が
わかり、アンテナの向きからその方向がわかります。また、
反射してくる電波の強度から雨量強度を推測する計算を行い
ます。１つの気象レーダーが観測できる範囲は距離にして
200kmほどまでです。気象庁は、約20のレーダーサイトの
データをつなぎ合わせて、全国的なレーダー画像を作成して
います。

　気象レーダーは、空気中の水滴を観測して降水量を推定し
ているわけですが、それは地上の降水量と一致しているとは
限りません。そこで、地上のアメダスなどの雨の観測データ
と照合して、レーダー観測結果の画像を補正した**レーダー解
析雨量（雨量解析図）**とよばれる資料を作成しています（図
7 - 10)。アメダスではまばらな点の集まりとしてしか雨の
情報を得られませんが、気象レーダーと組み合わせることに
より、連続的な面として情報が得られると言うこともできま
す。

　ちなみに、気象レーダーには、電波のドップラー効果を利

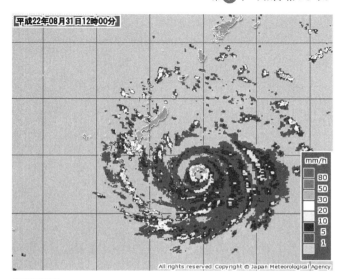

図7-10　気象レーダーの画像（レーダー解析雨量）　　（画像：気象庁）

用して、雨粒や昆虫などの動きから風を観測することのできる気象ドップラーレーダーもあります。これは、通常の気象レーダーにドップラー効果を検出できる処理装置を付加することによって行われています。特徴的な回転をしている竜巻や風向きの急変しているガストフロントなどの検出に用いられます。また、きめ細かな数値予報を行うための「メソモデル」には、ドップラーレーダーのとらえた風のデータも活用されています。

　さて、このように気象レーダーとアメダスの観測を連携させると、きめ細かく雨の状況を把握することが可能です。雨域の移動方向や速度を調べ、その雨域がそのまま移動すると

仮定すれば、短時間後の雨の領域が予測できるからです。実際には、メソモデルの数値予報と組み合わせて雨域の移動を予測します。このようにして作成されるのは、**降水短時間予報**とよばれる予報で、6時間先までの雨の区域と強度の予報を地図に表して、1時間おきに発表しています。

1時間おきの予報では、集中豪雨への対策では遅い場合もあります。そのため、数値予報結果を用いず、雨雲が現状の動きを続けると仮定することによって、10分ごとの雨の区域と強度を1時間先まで予報する**レーダー降水ナウキャスト**という予報もあります。これは、積乱雲にともなう落雷や竜巻の発生の予報にも使われています。

これらは気象庁のWebページでいつでも見ることができますから、外出する直前にチェックすると、屋外に出たとたんに激しい雨に見舞われるようなことは避けることができるでしょう。

予報官はどんなことをしているのか

昭和30年代の地方気象台では、予報官たちは気象庁からの短波放送を受信して、各地の気象観測データを入手していました。ついで観測値を手書きでプロットして天気図を作成しました。等圧線を描き、低気圧や前線、雨域の位置などを確定して、最新の地上天気図を作成しました。また、短波放送による模写電送とよばれる一種のファックスを利用して、本庁からの高層天気図などを受信しました。さらに、本庁などから、低気圧の今後の推移などの留意点が指示報として送られてきました。

予報官は、これらの天気図などの資料をもとに、自分の経

験を加味して、「南の風、晴れときどき曇り、夕方から一時
雨」などの予報を案出して、天気予報として発表していまし
た。作業の大部分は人力であり、いちばん肝心な予報の案出
の部分も、予報官の総合的な智恵によっていたのです。予報
の名人とよばれた人たちは、実際に独自の「虎の巻」を懐に
予想を行い、他人には教えなかったという逸話があるくらい
です。

　ところが、天気予報作業の形態は、近年、観測の自動化、
コンピュータの普及、そして何よりも数値予報の精緻化によ
って予測精度が格段に向上したことにより、大きな変貌を遂
げました。予報作業全体がシステム化されたといえます。当
然、予報官の作業および役割も大きく変わりました。

　本庁はもちろんのこと地方の気象台の予報作業室の卓上に
は、図7-11に示すように、パソコンで構成されたワークス
テーションが置かれ、壁面には大型の液晶ディスプレイが掲
げられています。ワークステーションは、LANで本庁のデー
タバンクとつながっており、予報官はいつでも必要なデー
タを参照することができます。予報官はマニュアルにしたが
ってパソコンを操作すれば、天気予報文の原案が画面上に現
れます。予報官が必要に応じて修正し、最後にエンターキー
を押せば、公式な気象庁の天気予報として日常的に情報を必
要としているメディアなど各所へ流れます。

　予報官の仕事の重点は、近年、通常の天気予報よりも、気
象注意報や警報を発表する判断に移っています。また、一度
発表すれば、切り替えや解除のタイミングも重要となりま
す。県や市町村の防災担当者との連絡も必要で、メディアの
問い合わせにも対応が必要となります。その意味で、現在の

図7-11 予報官の部屋

予報官には、社会活動を見すえた総合的判断が要請されています。

　気象庁だけでなく、民間にも目を向けてみましょう。明治初期に気象事業が始まって以来、天気予報は気象庁の仕事とされて、民間では行われてきませんでした。しかし、予測技術や通信技術の向上により、気象情報が広く共有可能になり、民間にも業務を開放すべきとの規制緩和政策の流れを受けるようになりました。

　そして、1993年に気象業務法が改正され、気象庁以外の者による天気予報の道が開かれました。気象事業者に対する気象資料の提供の体制も確立され、民間でも数値予報の結果やガイダンスを入手して、それをもとに天気予報を行うことができます。

　また、民間の気象事業者が予報を行う場合は、気象予報士を置かなければなりません。アメリカではアメリカ気象学会が認定した天気キャスターがメディアで活躍していますが、

　日本のような予報士制度をもっている国は非常にめずらしい
ことです。これまでの受験者は1994年の第 1 回の試験以
来、すでに20万人を超え、合格者は約12000人に達し、平
均合格率は約5.5％です（2023年 4 月時点）。
　予報を行う民間の気象事業者は数十社あります。それぞれ
得意の分野を活かしながら、種々のメディアや企業などに予
報などを提供しています。気象予報士は、当然、自社の資料
や技術などに基づいて、独自の天気予報を行うことが可能で
す。気象にかかわるコンサルティングは、さまざまな分野で
求められていると言われます。農業や建築・土木工事、レジ
ャー産業は天気に業務が左右されますし、コンビニエンスス
トアも天気次第で売れる商品が異なるなど、天気に左右され
る業種はけっこう多いものです。
　気象予報士といえば最もなじみのあるものは、テレビやラ
ジオの天気予報番組です。予報士独自の予報なのか、気象庁
のガイダンスそのままの予報なのか必ずしも明らかではない

場合も見受けられますが、一方では、視聴者の要望に合わせて独自に工夫した情報発信をしている姿も目にします。気象予報士は、気象学や気象予報業務の専門世界と日常生活のどちらにも足を置き、専門知識や市民のニーズを双方に運ぶための橋渡しの役割をしているのかもしれません。

おわりに

　読者のみなさんは、本書を通じて気象学の面白さを発見することができたでしょうか。地球大気は、とらえきるのが難しい複雑系にありながら、私たちにも理解可能なさまざまな物理法則でひも解くと、奥深いしくみの一端を垣間見せてくれます。もしも、日常のなにげない時間に大空を見上げたとき、その奥深いしくみに思いを巡らすようになれたとしたら、本書の目的は果たされたことになるでしょう。

　本書の執筆は、天気予報や気象学を専門とする古川武彦と理科の教科書づくりを専門とする大木勇人の2人が、それぞれの長所を持ち寄り、話し合いを重ねて進めました。
　また、本書の姉妹本である『図解・天気予報入門』では、本書とは角度を変えて気象観測と予報に焦点をあて、よりくわしく解説しました。続けてお読みいただければ幸いです。

　最後に、本書の完成に至る過程において、初版では講談社の堀越俊一氏、改訂版では講談社の須藤寿美子氏、および校閲の方々から、貴重な助言や励ましをいただきましたことに感謝の意を表したいと思います。

2023年6月26日　　　　　　　　　著者　古川武彦
　　　　　　　　　　　　　　　　　　　大木勇人

参考文献

『図解・天気予報入門』古川武彦・大木勇人（講談社・ブルーバックス）

『現代天気予報学』古川武彦・室井ちあし（朝倉書店）

『気象庁物語』古川武彦（中公新書）

『人と技術で語る天気予報史』古川武彦（東京大学出版会）

『最新気象百科』C. Donald Ahrens著、古川武彦監訳、椎野純一・伊藤朋之訳（丸善）

『アンサンブル予報—新しい中・長期予報と利用法』古川武彦・酒井重典（東京堂出版）

『気象科学事典』日本気象学会編（東京書籍）

『新 教養の気象学』日本気象学会編（朝倉書店）

『一般気象学』小倉義光（東京大学出版会）

『ニューステージ 新 地学図表』（浜島書店）

『理科年表』国立天文台編（丸善）

『雨の科学—雲をつかむ話』武田喬男（成山堂書店・気象ブックス）

『雲と霧と雨の世界—雨冠の気象の科学— I 』菊地勝弘（成山堂書店・気象ブックス）

『新しい気象学入門』飯田睦治郎（講談社・ブルーバックス）

『図解　気象・天気のしくみがわかる事典』青木孝監修（成美堂出版）

『偏西風の気象学』田中博（成山堂書店・気象ブックス）

『総観気象学入門』小倉義光（東京大学出版会）

『基礎気象学』浅井冨雄・新田尚・松野太郎（朝倉書店）

『気象予報のための前線の知識』山岸米二郎（オーム社）

『気象衛星画像の見方と使い方』長谷川隆司・上田文夫・柿本太三（オーム社）

『最新の観測技術と解析技法による　天気予報のつくりかた』下山紀夫・伊東讓司（東京堂出版）

『台風の科学』大西晴夫（NHK出版・NHKブックス）

『台風　最もはげしい大気じょう乱—気象学のプロムナード10』山岬正紀（東京堂出版）

『気象の数値シミュレーション　気象の教室5』時岡達志・山岬正紀・佐藤信夫（東京大学出版会）

『数値予報—スーパーコンピュータを利用した新しい天気予報』岩崎俊樹（共立出版・情報フロンティアシリーズ）

『ローレンツ　カオスのエッセンス』E. N. Lorenz著、杉山勝・杉山智子訳（共立出版）

『ことわざから読み解く天気予報』南利幸（NHK出版・生活人新書）

『気象研究ノート』（日本気象学会）129号、1-63「台風の構造と発達の力学」山岬正紀

『理論応用力学講演会 講演論文集』（日本学術会議）、第56回理論応用力学講演会特別講演「台風研究の諸課題—地球温暖化のインパクトの理解のために」山岬正紀

Richard A. Anthes : "Development of Asymmetries in a Three-Dimensional Numerical Model of the Tropical Cyclone", Monthly Weather Review Vol. 100, No. 6 (June 1972), 461-476), Cram, Thomas A., John Persing, Michael T. Montgomery, Scott A. Braun : "A Lagrangian Trajectory View on Transport and Mixing Processes between the Eye, Eyewall, and Environment Using a High-Resolution Simulation of Hurricane Bonnie (1998)", Journal of the Atmospheric Sciences 64 (2007), 1835-1856

《参考Webページ》
気象庁　http://www.jma.go.jp/
気象コンパス　http://www.met-compass.ecnet.jp/
HBC専門天気図（気象庁発表）
http://www.hbc.co.jp/pro-weather/
気象衛星センター　http://mscweb.kishou.go.jp/panfu/
JAXA（宇宙航空研究開発機構）http://www.jaxa.jp/
NOAA（アメリカ海洋大気圏局）http://www.aoc.noaa.gov/
NASA（アメリカ航空宇宙局）http://www.nasa.gov/
Eastern Illinois University（東イリノイ大学）
http://www.eiu.edu/

《天気図の出典》
気象庁資料および気象業務支援センター資料をもとに作成。

（※）本文中には、出典や参考資料の書名や題名のみを表示した。

さくいん